U0066148

喚醒世界的香味

一趟深入咖啡地理、歷史與文化的品味之旅

作者／伊莉莎貝塔・意利（Elisabetta Illy）

前言／山多・凡賽斯（Santo Versace），Versace 集團總裁

獨家食譜／吉安佛蘭科・維薩尼（Gianfranco Vissani）

譯者／方淑惠

喚醒世界的香味：
一趟深入咖啡地理、歷史與文化的品味之旅

作　　者：伊萊莎貝塔·意利
翻　　譯：方淑惠
主　　編：黃正綱
文字編輯：盧意寧
美術編輯：張育鈴
行政編輯：潘彥安
發 行 人：李永適
版權經理：彭龍儀
財務經理：洪聖惠
行銷企畫：甘宗靄
出 版 者：大石國際文化有限公司
地　　址：台北市內湖區堤頂大道二段181號3樓
電　　話：(02) 8797-1758
傳　　真：(02) 8797-1756
印　　刷：沈氏藝術印刷股份有限公司
2014年(民103) 11月初版二刷
定價：新臺幣580元
本書正體中文版由
Edizioni White Star s.r.l.
授權大石國際文化有限公司出版

ISBN：978-986-5918-37-8(精裝)
＊本書如有破損、缺頁、裝訂錯誤，
請寄回本公司更換
總代理：大和書報圖書股份有限公司
地址：新北市新莊區五工五路2號
電話：(02) 8990-2588
傳真：(02) 2299-7900

國家圖書館出版品
預行編目（CIP）資料

喚醒世界的香味：一趟深入咖啡地理、
歷史與文化的品味之旅
－ 初版 方淑惠翻譯
－臺北市：大石國際文化，民102.11
216頁：25.5×22.8公分
譯自：Aroma of the World: A Journey into the Mysteries and Delights of Coffee
ISBN 978-986-5918-37-8 (精裝)
1. 咖啡
427.42　　102023311

目 錄

前言

山多．凡賽斯

我不能沒有咖啡，這是我最愛的飲料；咖啡是我每一天的調劑，也是我生活節奏的來源。我第一次喝咖啡的時候年紀還很小。那是美國產的即溶咖啡，我母親用它來泡咖啡牛奶（caffé au lait）。我記得那是我一天之中的快樂時刻，我和詹尼（Gianni，Versace 創辦人）一起吃過早餐後各自出門上學：我上小學，他還在上幼稚園。當時我還不明白這種飲料的重要性；咖啡只是我日常生活習慣的一部分，僅此而已。直到後來我才開始真正享受咖啡。我家和其他地方一樣，是用摩卡壺煮咖啡，第一次啜飲沒有經過牛奶稀釋的咖啡，感覺就像獲得了解放。我已經長大，可以像大人一樣喝黑咖啡了，差別只在於多加了一點糖。因此咖啡從那時起就標誌了我人生的一個階段，也就是今日所說的「成年禮」，或說是一種啟蒙。但真正的轉變和更進一步的成長，則是站在吧檯邊喝咖啡。有時候我會和朋友及同學一起上酒吧喝杯橘子水。當時經濟蓬勃發展，我們第一次口袋裡有了零用錢，因此想和大

前言

人一樣在酒吧裡喝東西。我們最大膽的舉動就是點一杯義式濃縮咖啡，而不是平時喝的那種碳酸飲料或果汁汽水。這種大膽的行為讓我們覺得自己比別人更像大人、更有自信，已經準備好迎接新的冒險。

從那些滾燙杯中飄起的香氣是解放的味道。除此之外，這味道也十分好聞。我至今仍記得酒吧裡煙霧朦朧的氣氛，話語聲夾雜著人們在吧檯邊忙進忙出的嘈雜聲，還有找張桌子坐一下午、面前擺著一杯咖啡、手裡拿著一份報紙努力裝酷的時光。這個習慣逐漸成為我一天之中很重要的一部分，讓我有機會與老友敍舊同時也認識新朋友。

但咖啡的功用不僅止於此：在我深夜苦讀準備期末考時，咖啡也讓我保持清醒。我記得我會在研究資產負債表與數學公式之際休息片刻，再用摩卡壺煮杯咖啡，一切宛如昨日。在凌晨兩、三點，沉入甜美夢鄉的念頭讓人無從抵抗，就在我要投降歸順之際，咖啡就是我的終極法寶。這種香氣四溢的深色飲品可以立即發揮功效，讓我和我的朋友能夠繼續鑽研演算法與方程式的奧祕。

不過我還有其他有關咖啡的回憶：記得在義大利卡尼亞區（Carnia）的鄉間辛苦操練一天後，會與軍中同袍在熱那亞騎兵團的酒吧裡啜飲咖啡。那時我們都覺得自己像是小說《韃靼荒漠》（The Tartar Steppe）裡的角色，守著邊疆早已被人遺忘的巴斯提亞諾堡壘。我們的想像力確實發揮過頭了……但這就是當時的情景。我一直很喜歡那些回憶，在我生命中那段重要的經歷裡，傍晚時分坐在一杯熱氣蒸騰的咖啡前打發時間。

因此，咖啡始終是我最喜歡的飲料，也是詹尼的最愛。我們在工作室裡忙著籌劃時裝表演會的最新時裝時，咖啡便是不可缺少的支援。有時候我們咖啡煮得太多，會接連喝上三、四杯。

多年來，我學會了品咖啡。以前我只是不假思索地喝咖啡，如今則已學會欣賞一連串的步驟，讓啜飲好咖啡成為一種絕美的儀式。每一個步驟都提升了喝咖啡的樂趣——準備時的小心翼翼、服務的品質，手中杯子的質感，然後是咖啡的芬芳、香氣及所蘊含的風味。我已經從一個單純喝咖啡的人，轉變成熱衷的咖啡迷，雖不敢自稱為咖啡專家，卻明白自己喜歡哪種咖啡、何種沖泡方法，用哪些食物搭配。身為義大利人，我何其有幸能夠享用全世界最頂級的咖啡。走訪各國，總遇到有人想複製我們的義式濃縮咖啡，可見這並非偶然，只不過成功與否則因人而異。每個國家都有一些代表物，義大利產品包括時裝、跑車、美食和精密工程等，均以品質絕佳而享譽全球。

「義大利製」的標籤已在各地建立了名聲，就如同義式料理與義式生活夙負盛名；其中一個代表就是義式濃縮咖啡。義式咖啡的沖泡法與飲用法將席捲先前的各種咖啡流派，因為義式咖啡傳達出一種品味、風格，以及欣賞生活中美好事物的能力，教所有人都欽羡我們，紛紛起而傚尤。

因此，基於種種理由，一杯好咖啡就是我最愛的飲料。

第一部

發現咖啡

CAFE
BRASIL

從咖啡樹到咖啡杯

咖啡的偉大故事：從傳說到歷史

咖啡的故事可追溯至好幾代以前，時間橫跨 1000 多年，和許許多多地球上發生過的事件一樣，至今仍包裹在迷霧中。咖啡的故事就是一粒褐色種子的旅程，過程中充滿了神祕與奇妙。

我們每次喝咖啡，就如同沉浸在自遠古以來吟遊詩人與文人雅士著迷的世界中。有關咖啡的最早傳說，據信來自於公元前 400 年的東方。

咖啡的傳說

雖然歐洲與阿拉伯的歷史學家採集了許多神祕的口傳故事，這些故事的源頭是來自公元 500 年前的非洲席巴女王王國，但就流傳下來的文字記載來看，只知道在 15 世紀前半，咖啡已是眾所周知的植物，民眾也會喝咖啡。在 1671 年的第一篇咖啡專論〈健康的飲料〉》（De Saluberrima potione）中，安東尼奧・福士托・奈羅尼（Antonio Fausto Naironi）修士講述了衣索比亞牧羊人柯迪（Kaldi）的傳說。某天晚上柯迪的羊群沒有從牧場回來，他便出門找尋。隔天他發現牠們蹦蹦跳跳的、正在一叢結滿鮮紅果實的嫩

左頁：一幅 16 世紀袖珍畫中的蘇菲教派舞者。13 世紀的謎樣人物沙茲里（al-Shadhili）率先將咖啡豆製成飲品。沙茲里的追隨者及後代子孫是蘇菲教派的信徒，他們在宗教儀式上使用咖啡的習慣（例如在跳著名的旋轉舞時喝咖啡）讓其他較正統的教派頗不以為然，因為伊斯蘭教明令禁止使用任何「引發興奮情緒」的物質。蘇菲神祕教派利用咖啡提神，讓自己投入格外漫長的禱告儀式，並在儀式中達到宗教狂喜的狀態。

綠樹叢旁大嚼豆子。這名牧羊人被羊群奇特的行為勾起了好奇心，於是嚐了這種野果，發現果實極具興奮作用。柯迪因此展開漫長的旅程，前往位於阿拉伯半島南端葉門境內的 Chehodet 修道院，將他的發現告訴修士。一名神職人員表示：「這是惡魔在作怪！」便將這些紅色果實扔進火裡，果實立即散發出讓人垂涎的特殊香氣。他們隨即將這些豆子收集起來，磨成粉倒入裝滿熱水的容器裡，世上第一杯咖啡就此問世。修士發現這種苦澀的深色飲品能讓他們不眠不休專心禱告。這種美味飲品富有神奇效果的消息在修道

院之間流傳，咖啡開始被視為真正的上天賜禮。

有關穆罕默德的傳說或許較鮮為人知。有一天這位先知突然覺得睏倦難耐，大天使加百列於是前來幫忙，給他阿拉真神親自授予的一種藥水。穆罕默德喝下後覺得精神一振，又繼續從事他偉大的事業。在這則傳說裡，這種顏色深如卡巴聖堂聖黑石（Holy Black Stone of the Kaaba）的飲品稱之為 gahwah，表示這種飲品是源自於植物。

咖啡漫長的旅程自此從非洲展開，但要走的路依舊漫長。據傳在 13 世紀，從蘇丹到阿拉伯的奴隸會在衣索比亞採集咖啡果實，他們相信這種果實可以幫助他們度過難關。或許咖啡豆就是因此首度越過紅海，進而傳播到全世界。

在中東國家，咖啡被視為具有藥效，含有大量咖啡因的調製飲品原本是被當成湯藥喝，後來才成為日常飲品。

根據伊斯蘭民間傳說，奧馬爾酋長（Sheikh Omar）是第一位發現咖啡並將咖啡豆製成飲品的阿拉伯人。他是醫生也是神職人員，因違反道德規範而與信徒一起被流放到阿沙布（Assab）的沙漠地區。奧馬爾和他的同伴為了止飢，採集了生長於不知名灌木叢中的野莓果，並將這些果實煮沸後喝下湯汁。據說這個主意是他們從夢中得來。奧馬爾有一些患者為了繼續接受治療，跟著他一起進入沙漠，這種植物想必對他們的病情有所幫助。等到這些被流放的人回到家鄉摩卡（Mocha）之後，他們將這種新飲料的神奇特性告訴其他人。當地人於是建了一座寺廟紀念奧馬爾，

上圖：牧羊人柯迪的傳說；古羊皮紙，阿迪斯阿貝巴（Addis Ababa），衣索比亞。

右圖：咖啡灌木的一截樹枝；插畫，藏於某植物標本館，時間為公元 1800 年左右。

並奉他為這座城市的守護神。

此外，據說蘇菲派信徒（生活在阿拉伯南部葉門沙漠地區的苦行僧）也熟知這種提神飲料。他們會舉行宗教儀式頌揚真主的榮耀，有時這些儀式會持續超過 700 個夜晚，在這種長時間的聚會中，他們就會喝咖啡來保持清醒。虔誠的信徒在白天也會與朋友一起享用咖啡，以及享受咖啡因帶來的提神效果，第一批咖啡館於是因運而生。

咖啡的歷史

只有一件事可以合理斷定，那就是咖啡樹是衣索比亞的原生植物，源自於卡發（Kaffa）的阿比西尼亞（Abyssinian）地區，生長於海拔 900 至 2000 公尺的美妙咖啡森林裡。

生活在衣索比亞南部繁華的西達莫省（Sidamo）的山區遊牧民族蓋拉族（Galla），他們的祖先早就十分清楚咖啡豆的提神效果。他們會將咖啡豆搗碎與動物脂肪混合，做成某種補充精力的補品。

16 世紀初，咖啡開始從葉門的修道院傳至各大都市（首先傳到開羅），吸引了各行各業熱衷此道的人。這種「黑色飲料」大受歡迎，到了大約 1523 年，土耳其的結婚協議中甚至新增一項條文，規定丈夫必須確保妻子有適量的咖啡可飲用，違者必須離婚。

長久以來，阿拉伯人一直努力堅守他們在咖啡貿易中的壟斷地位，但每年到麥加朝聖的信徒多達數百萬人，想要一一監視是不可能的。其中一位名叫巴巴・布丹（Baba Budan）的朝聖信徒就在 1670 年吞下七顆紅色的果實，然後將這些果實種植在南印度卡那塔克邦（Karnataka）昌德拉吉里山（Chandragiri Hills）的自家農地裡。這次栽種的成果斐然，為了紀念他，這個地區被改名為巴巴・布丹區，並奉他為聖人，以感念他對促進家鄉繁榮的貢獻。而這一刻也象徵葉門及阿拉伯壟斷咖啡市場的時代結束。

荷蘭貿易商自 17 世紀初期就開始從非、亞兩洲出口各種貨物（薰香、檀香木、絲綢等等），他們很快便明白這種新商品的潛力，也急於讓咖啡栽種更為普及。到了 18 世紀，在歐洲強權統治下，適合栽種咖啡的區域，全都開始改種咖啡。全球第一批咖啡園在赤道地區如雨後春筍般興起，除了錫蘭島與爪哇島外，也遍布於蘇門答臘島、西里伯島、帝汶島和巴里島。

在所有的故事中，或許以咖啡傳入馬丁尼克島（Martinique）的經過

18 世紀的上流社會認為享用一杯熱騰騰的咖啡是極為時髦的事。

最為浪漫。一切都始於 18 世紀初期，荷蘭人將一株強健的咖啡樹獻給法國政府。據說海軍艦長加百列．狄．克魯（Gabriel de Clieu）決心將這株珍貴的植物從法國平安運至馬丁尼克島，因此殷勤地將船上每日配給的少量清水分給他照看的這株植物，才讓樹苗平安度過這趟漫長的旅程。

狄．克魯船長在 1723 年左右將咖啡栽種引進法屬殖民地。如今全球多數咖啡樹追本溯源可能都來自於那株樹苗。

不久後，咖啡成為極珍貴的商品，讓人不顧一切想取得。1727 年，蓋亞那的法國與荷蘭殖民者發生糾紛，於是請來葡萄牙人法蘭西斯科．狄．梅洛．巴耶達（Francisco de

上圖：開羅某咖啡館，由康斯坦丁·馬可夫斯基（Konstantin Makovsky）於 1870 至 1879 年間所繪。
次頁跨頁圖片：咖啡樹在全球的最初旅程，始於衣索比亞最後又回到非洲大陸。

NOVA TOTIVS
AMERICA SEPTENTRIONALIS
MAR DEL NORT
馬丁尼克
OCEANUS OCCIDENTALIS
MAR DEL ZUR
圭亞那
1727
巴西
MARE PACIFICUM

RVM ORBIS TABVLA.
723
法國
1670
埃及
14世紀
葉門
印度
錫蘭
蘇門答臘
17世紀
爪哇
巴里
帝汶
肯亞
20世紀
OCEANVS
AETHIOPI
CVS
MAR DI INDIA.

Melo Palheta）出面仲裁。他趁機偷了一些當時十分搶手的咖啡豆。但最後他的詭計之所以能夠得逞，卻要歸功於一位女性的愛情。在他啟程返家當天，他的情婦送給他一大束鮮花，花朵中夾雜了鮮豔的果實。他將這些果實栽種在巴西的帕拉，從此成為全球市場上第一個生產咖啡的人。

咖啡與咖啡館的普及

往來於各大洋的旅客及貿易商很快便察覺咖啡在伊斯蘭教世界極為流行，也毫不猶豫將這個消息帶回歐洲，並以許多散文和繪畫表達對這種飲料的熱情。

咖啡館很快成為友誼與交際的代名詞，人們在這裡可以放鬆和了解最新的政治八卦。第一家咖啡館在 1554 年於伊斯坦堡開張，當時這座前拜占庭城市仍名為君士坦丁堡。咖啡館實際的名稱是 mektebi-irfan，意即「文人雅士的學校」，因為人們都在這些地方交換情報、討論消息。

而在現今的葉門，至少一世紀以來，大家似乎也已經習慣不時啜飲一杯咖啡，此外政府也推波助瀾，大力讚揚咖啡的重要特性。

咖啡很快贏得了阿拉伯民族的好感，尤其因為《可蘭經》禁止伊斯蘭教徒飲用任何含酒精的飲料。「伊斯蘭美酒」（咖啡的別號）於是在紅海沿岸流行起來，並向內陸傳至麥加、麥地那與開羅。根據某些記載，伊斯蘭教世界對咖啡情有獨鍾，認為它能激發智力、想像力和創造力，不像酒只會讓人昏昏欲睡、思慮不清。伊斯蘭教世界不但立即歡迎新加入的信徒，也同樣急於讓新征服的領地了解咖啡的樂趣。

一般認為，咖啡於 1615 年首次出現於歐洲，是由威尼斯商人沿著連結威尼斯、那不勒斯與東方的貿易路線，將咖啡引進歐洲。第一位探討咖啡樹的人，是一位名叫普洛斯彼羅・阿爾皮諾（Prospero Alpino）的醫師，他住在埃及，是威尼斯領事的副手。阿爾皮諾在 1592 年發表了一篇探討北非植物的論文《埃及植物誌》（De Plantis Aegypti），文中特別討論到咖啡及其特性，另外針對授粉方式提供精確而詳盡的圖解與評論。阿爾皮諾是第一個舉例說明自花授精植物的人。

後來偉大的瑞典植物學家林奈（Linnaeus），也就是現代植物分類系統之父，在 1753 年將這種灌木叢命名為小果咖啡（Coffea arabica；譯注：又稱為阿拉比卡咖啡）。

不過後來發現，中果咖啡（Coffea canephora），也就是俗稱的羅布斯塔咖啡（Robusta）的歷史也同樣迷人。1857 年，兩名英國探險家李察・波頓（Richard Burton）與約翰・史畢克（John Speake）在尋找尼羅河源頭的探險途中發現了這個新品種的咖啡樹。由於這個品種的咖啡樹生命力較強韌，因而命名為羅布斯塔，此外這個新品種咖啡樹對抗病蟲害的能力也遠勝於阿拉比卡咖啡，羅布斯塔咖啡於是迅速普及，與它的表親一起流傳到全球各地，甚至還取而代之，產量也快速增加。由於當時的咖啡園大多位於殖民強國統治的領地，因此咖啡貿易便由這些強權獨攬。這表示衣索比亞的咖啡都是運往義大利，西非產的咖啡運往法國，而東非產的咖啡則是運往英國。美國在南美洲也有自己的咖啡來源。

17 世紀初期咖啡剛來到義大利時，其實遇到了一些阻礙。教會對於這種來自穆斯林世界的新產品格外小心提防。後來又發現老主顧時常流連於新設的咖啡館，這些地方被視

倫敦咖啡館是英國貴族最愛的場所，他們在這裡一面喝咖啡、抽菸斗，一面討論藝術、政治與商業；英國畫派油畫，約 1700 年。

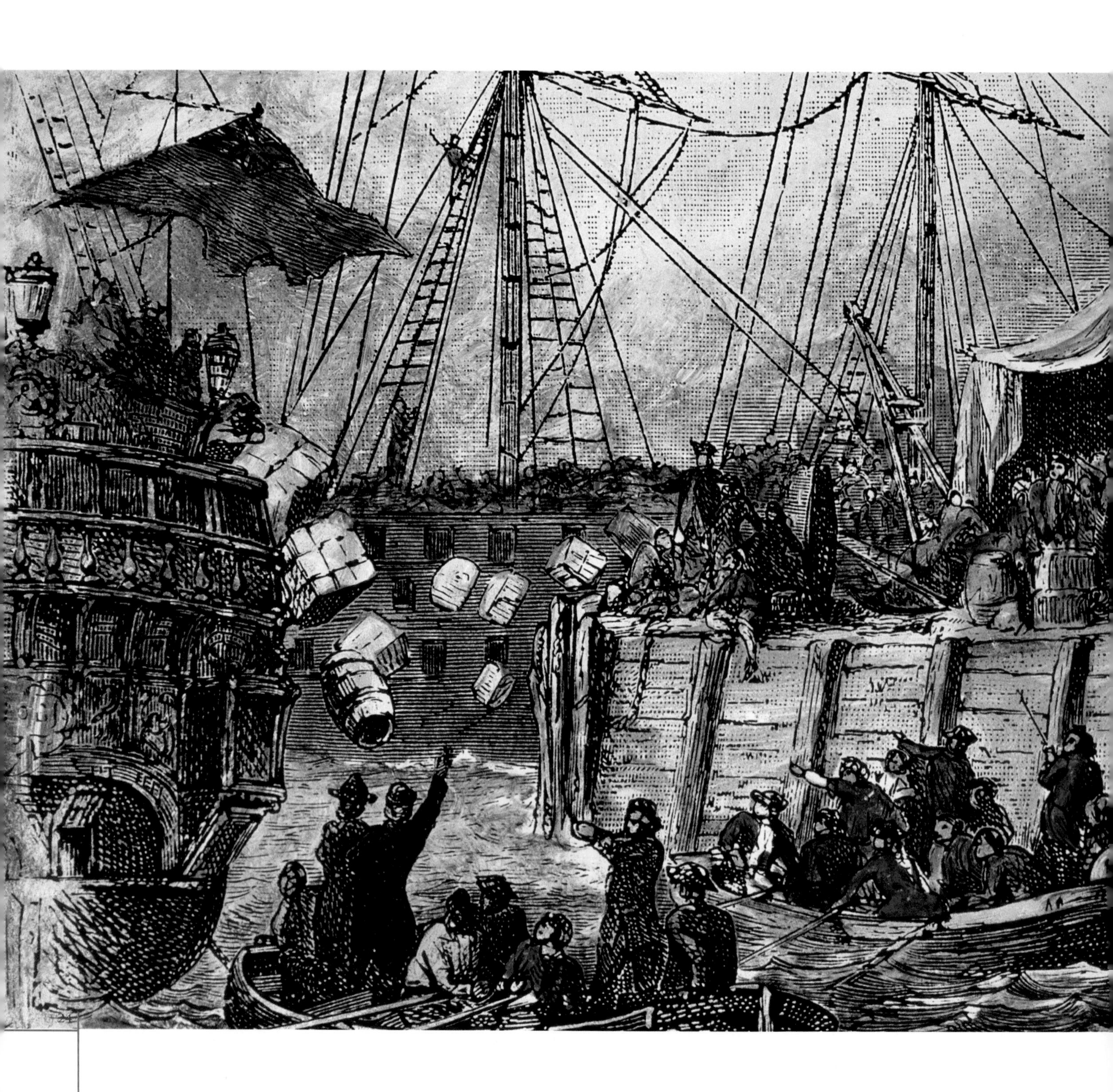

為地獄淵藪，太常逗留可能對他們不利。儘管如此，教宗克雷門七世（Pope Clement VII）卻決定先嚐過這種「惡魔的飲料」，再判斷是否要加以譴責，結果他愛上了這種飲料，決定替咖啡洗清罪名，公開表示這種飲料實在太美味，如果只讓異教徒享受根本是罪惡。

自 17 世紀中期後，有了教宗的加持，咖啡在義大利小販的攤子上占有一席之地，除此之外，攤子上還有當時另一項偉大的新產品：巧克力，還有檸檬水和烈酒等其他深受喜愛的商品。於是雅致的咖啡館如雨後春筍般在威尼斯及其他大都市興起，例如羅馬的希臘咖啡館（Caffé Greco）、帕多瓦的佩德羅基咖啡館（Pedrocchi）、都靈的聖卡洛咖啡館（San Carlo）等。

喝咖啡的人數大增，最後儼然蔚為風潮，咖啡館從英格蘭流行到奧地利、荷蘭、法國、德國，成為都會生活的重心。在英格蘭出現了奇特的「一便士大學」，之所以有此名稱，是因為只要花一便士就能買一杯咖啡，同時也能參與妙趣橫生且熱烈激昂的討論。到了 17 世紀中期，倫敦已有 300 多家咖啡館，其中多數店家的老主顧包括商人、船主、證券經紀人及藝術家——這些人帶動了國家經濟與文化的發展。歷史上有許多生意人最初都是在倫敦的咖啡館裡發跡：全球規模極大的保險公司倫敦勞依茲（Lloyd's of London），便是在愛德華．勞依德（Edward Lloyd）所經營的咖啡館創立。

在同一世紀裡，咖啡館也經由英國人傳到大西洋彼岸，在起初名為新阿姆斯特丹、後更名為紐約的地方同樣大受歡迎。然而，雖然咖啡館受到大家喜歡，但茶仍是新世界最愛的飲品，直到殖民者群起反抗英王喬治二世課徵的高額茶稅，情勢才有所改變。在後人稱之為波士頓茶黨的事件發生後，美國人的口味也從此改變。自此之後，咖啡便是美利堅合眾國最愛的飲料。

波士頓茶黨事件的其中一幕。1773 年，英國殖民者群起反抗英王喬治二世課徵的高額茶稅，將一箱箱新運到的貴重茶葉全數扔進海裡；18 世紀水彩畫。

咖啡品種：阿拉比卡還是羅布斯塔？

咖啡樹是茜草科常綠灌木，生長於熱帶地區海拔 2000 至 2500 公尺間的高地。咖啡果實屬核果類，常常被類比為櫻桃，內含兩顆種子，種子外包覆著一層膜（羊皮層）及一層甜果肉，也就是果膠。種子呈橢圓形，正中央有一道中線，種子成熟後就成為咖啡豆。

阿拉比卡咖啡與中果咖啡（俗稱羅布斯塔）均原產於非洲森林，是全球商業生產咖啡的兩大品種。事實上，其他植物也有類似的種子，只不過尚未證實可製成飲品。

這兩個品種的咖啡豆形狀不同：阿拉比卡咖啡豆的形狀較扁而長，中線彎曲；羅布斯塔咖啡豆的形狀則是凸而圓，中線較平直。兩者的咖啡因含量也不同：以純阿拉比卡咖啡豆萃取的義式濃縮咖啡，咖啡因含量為 40 至 65 毫克，而羅布斯塔咖啡豆的咖啡因含量則多出約一倍（80 至 120 毫克。阿拉比卡咖啡豆沖製的咖啡酸度較高，帶有細緻的香氣和焦糖的餘味。羅布斯塔咖啡豆則賦予咖啡醇厚的口感，不過香氣較平淡，且通常帶有木頭味，並不是人人都喜歡。

上圖：剛採下的巴西阿拉比卡咖啡果實，可以看到兩顆並排生長的咖啡豆，被包覆在果皮和一層甜果肉中。

右頁：哥倫比亞波帕揚區（Popayan）咖啡園內的阿拉比卡咖啡灌木叢。

栽植：從土壤到採收

全球的咖啡園均位於非洲、亞洲及美洲的熱帶地區，只有這些地區才具有理想的氣候條件：氣溫必須介於攝氏 17 度至 30 度，年雨量介於 1200 至 2000 公釐，還必須有明顯的

阿拉比卡

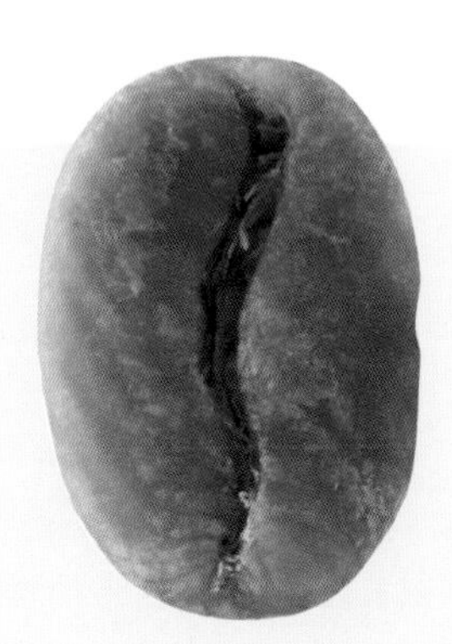

特性：

豆身呈橢圓形
中線彎曲
分布範圍較廣
苦味較淡
香氣較濃
風味較細緻
澀味較淡
咖啡因含量 0.8 至 1.5%
占全球產量 55 至 60%

羅布斯塔

特性：

豆身圓
中線平直
植株較強健
苦味較重
口感較醇厚
咖啡因含量 1.7 至 3.5%
占全球產量 40 至 45%

左頁：咖啡花。這些香氣馥郁的花朵，大小約 1.5 公分，每逢大雨過後就會開花。

雨季（義大利的年雨量約 1000 公釐）。咖啡需要富含腐植質、氮、鉀的土壤，以及生長於海拔高達 2500 公尺的地區。

咖啡園裡的灌木叢約 2 至 3 公尺高，以盡量減省栽種和採收的工作負擔。枯死的部分會移除修剪以利新枝葉生長，也藉此確保通風良好和日照充裕。

定期施肥與灌溉可確保咖啡樹獲得適當的養分及適量的水分。

播種

咖啡的栽種是從種子和作好適當規劃的苗圃開始。首先，只有成熟的咖啡果實才適合栽種，把果肉去除後，接著將種子放在陰涼處蔭乾，或以人工方式乾燥。咖啡種子在播下後要等八週才會發芽。種子是種在苗圃裡特殊的砂質「苗床」上，深度為 1 到 2 公分。

左頁：巴西温室裡才剛發芽的阿拉比卡咖啡樹幼苗。

上圖：哥倫比亞苗圃中剛長出兩片葉子的咖啡樹幼苗，這兩片葉子又稱為子葉。這個階段的幼苗必須避免直接日曬。

八到十週後幼苗發芽，等到長出兩片形狀完美的典型淡綠色葉子（名為子葉）後，便立即移植到特殊的軟塑膠容器中，再小心翼翼將這些容器一排排放到新「苗床」上，每排間隔約 20 至 25 公分。

這些植株會在溫室或避免直接日照的地方放置 12 個月（巴西因採集約耕作制，因此只放六個月），待長到 30 至 50 公分高，就能移植到最終目的地：合適的咖啡園。

這是中美洲、巴西與印度最常見的栽種方法，這些地方因空間遼闊，可使用大型機具和灌溉系統。至於衣索比亞、烏干達和薩伊等非洲國家，則是讓幼苗自然生長，或在播種期間給予最低限度的幫助。無論如何，咖啡樹生長的土壤極為重要，由於咖啡樹的根部需要大量氧氣，因此土壤必須保持通風及排水良好。

傳統與最早的咖啡種植方法俗稱協和式系統，至今中美洲和印度部分地區仍採用此法：將咖啡樹與其他較高大的作物（例如芒果、香蕉、柑橘和辣椒等）種在一起，以提供天然屏障遮蔽陽光。有點像是大哥照顧小弟。高大樹木厚實強壯的樹幹可以保護下方珍貴的咖啡豆不受風吹，而樹葉寬闊的植物則為咖啡樹提供遮蔭。

巴西偏好的集約耕作制，屬於密集栽種大量咖啡樹的單一栽培，必須借助灌溉系統和機械。這種栽種方式雖然需要大筆資金，但產量也高，不過對環境的衝擊也比較大。

咖啡樹在兩、三年後開始結果實，至於能持續孕育出果實多少年，則取決於栽種的技巧。在集約耕作制中，植株因飽受壓榨，只能維持約 15 年。但以印度為例，那裡的咖啡園占地廣大，使植株的壽命得以延長，可生產作物長達 50 年。

上圖：咖啡樹苗移植到咖啡園中，一旁矗立著高大的樹木，可以在樹苗生長時提供遮蔭。

收成

咖啡生長於地球的熱帶地區，當地的氣候特徵為炎熱的乾季和雨季交互輪替。每逢大雨過後咖啡樹就會開花，這也代表每棵樹的花朵與果實成熟度不盡相同，也自然導致收成變得複雜。咖啡的品質要優良，就必須只取完全成熟的果實，因為未成熟果實所產的咖啡豆，會讓最終的咖啡帶有木頭味與澀味。而過熟的果實也會破壞咖啡的風味，讓它隱隱帶有酸臭或腐敗的氣味。

咖啡果實會在咖啡樹首次開花的八、九個月後成熟，待果實外表呈亮紅色、觸感飽滿時，就是採收的最佳時機。目前的採收方式有三種，依國家與咖啡種類而異。

有兩種方式可確保咖啡樹獲得適量的灌溉。左圖：哥倫比亞聖西爾（San Gil）的雨水豐沛，高大的樹木可以替咖啡園遮蔭，保持土壤濕潤。巴西的米納斯吉拉斯（Minas Gerais）高原（右圖）雨水則較少，因此需要機械灌溉系統。

例如，中美洲、衣索比亞、肯亞與印度等地是採用人工摘採，採收工人必須在有一定間隔的咖啡樹之間來回行走，一顆顆摘採咖啡樹果實，並且只選取達到適合熟度的果實。這種收成方法顯然緩慢又昂貴，但可生產出品質絕佳的咖啡。

搓枝法是以人工或機器執行，而正如這個名詞所顯示，所有的果實不論成熟與否，均一併從樹枝上搓下，之後再加以篩選。這個方法顯然不如人工摘採具有鑑別力，事後還需要進一步篩選。由於成熟與未成熟的果實浮力不同，因此工人通常會用大盆子盛滿清水，讓篩選工作更為輕鬆。

成熟咖啡果實的三種採收方法。

左圖：人工摘採是以人工方式執行，採收工人仔細挑選成熟的果實摘取（哥倫比亞，波帕揚區）；右頁左圖：人工搓枝法，攝於巴西聖古塔爾多（São Gotardo）；右頁右圖：機械搓枝法是以有輪車輛執行，利用彈力棒搖晃咖啡樹枝，由於彈力棒可調整強度與震動次數，因此只有最成熟的果實會掉落，攝於巴西卡美洛山（Monte Carmelo）。

原產國加工

咖啡果實在採收後必須立即加工處理，而不論是加工的方法或時間都無法貪圖省事。咖啡豆必須悉心呵護，就像母親對待新生兒一般，才能順利度過後續的每個加工階段，直到最後送上貨船，在某個遙遠的國度散發香氣。這個加工過程大抵決定了最終在咖啡杯裡展現的成果。

咖啡果實在採收後數小時內便須剔除果肉與果皮，將咖啡豆摘取出來，否則果實就會開始發酵或腐爛，破壞咖啡的風味。

左頁：在巴西的波蘇斯卡爾達斯（Pocos de Caldas），部分咖啡園以篩子將咖啡果實與樹葉、小樹枝、石頭或土塊分離。

上圖：在巴西的卡美洛山區，咖啡豆鋪在遼闊的曬豆場上風乾。豆子必須不時翻動以確保風乾程度一致，通常是用馬匹拖著木耙翻動。

咖啡豆摘取系統基本上分為兩種，但在此之前必須借助篩子或噴射氣流將果實過篩，以去除小石頭、樹葉和小樹枝等異物。

在乾法加工中，咖啡果實鋪在特殊平臺的開放空間中乾燥，成為所謂的「天然咖啡」。平臺上鋪的咖啡果實厚度不能超過 2 至 3 公分，而且必須不時翻動（一天翻動多達 15 至 20 次），才能徹底維持一致的濕度。接著再將這些咖啡果實放進乾燥機裡，用最高 35 至 40 度的溫度烘乾，以完成並加速乾燥過程。

在濕法加工中（生產水洗生豆），咖啡果實會放入俗稱打肉機的滾筒中，去除果皮與部分果肉。接著將種子留在大型容器中發酵數小時，以去除咖啡豆外層黏稠的甜果膠。

上圖：成熟的咖啡果實。未成熟及發酵的咖啡果實，重量與成熟的果實不同，浮力也因此相異，水洗過程便是利用這點剔除未成熟與發酵的果實。

右頁：左圖，剛摘下的咖啡果實倒入打肉機裡，機器以一根長長的螺旋棒（右圖）去除果皮與部分果肉，只留下咖啡豆。

第三種加工法也值得一提，可說是介於乾、濕兩種加工法之間，就是巴西常見的所謂半水洗加工法。這種加工法雖然去除果肉，卻不發酵咖啡豆，而是放在陽光下曬乾，不再進一步加工處理。

不論採用何種方法，經過加工處理後，果核便成為咖啡生豆。接著依照豆子的大小加以分類並仔細篩選，以確保成品的最高品質。

左：乾燥的咖啡豆。

中：羊皮層，包覆咖啡豆的膜。

右：脫去羊皮層的咖啡豆。

運輸

咖啡豆必經的旅程極為漫長艱辛，必須橫越凶險的陸地和海洋，克服極大的溫差變化。

咖啡通常是包裹在60公斤容量的黃麻袋中（黃麻為天然材質，可以讓內容物透氣）。每一個麻袋上都蓋了印，註明重量、來源地及裝船的港口。咖啡豆要貯存在乾燥且通風良好的地方，如果可以的話就一袋袋堆疊好。

主要的入境港口包括第里雅斯特、安特衛普、巴塞隆納、不來梅、漢堡、勒阿弗爾、倫敦、鹿特丹、紐奧爾良、熱那亞、紐約、邁阿密與休士頓。

進出口業務主要由大型國際貿易公司管理，這些公司的咖啡交易量極為龐大，也會追蹤咖啡的各個加工階段：它們為客戶提供各種服務，包括在咖啡原產地的加工、倉儲、烘焙及研磨等。

咖啡的旅程

許久以前，有人將咖啡豆裝在破爛布包裡穿越衣索比亞進入阿拉伯世界。隨著這種黑色飲料在歐洲愈來愈受歡迎，無盡的陸上旅程也由海上運輸取代。

最早記錄咖啡生豆流浪過程的文獻，似乎是1696年在巴黎發行的雜誌《瀟灑信使》（Mercure Galant），該雜誌指出麥加附近種植的咖啡豆，都在沙烏地阿拉伯西部的吉達港裝船，從該處運往蘇伊士卸貨，以駱駝送往亞歷山卓港，港口有威尼斯與法國商船等著將貨物送到歐洲，前者運往威尼斯，後者運往馬賽。

因此咖啡的第一條遠行路線毫無疑問是穿越東地中海。荷蘭人在18世紀初期於爪哇和蘇門答臘開闢了第一批咖啡園，從事香料貿易的商船也順道將這一袋袋珍貴的新作物載上船。這趟旅程遠比先前的路程更漫長艱辛，船隻必須繞過非洲大陸，包括凶險的好望角。

新航路也在同一時期被打開，將在馬丁尼克島、圭亞那、巴西、牙買加與墨西哥種植的咖啡豆，從中、南美洲運送出去。在遠東和美洲航線上都可以看到英國與葡萄牙船隻的蹤影，法國則是集中精力在東方貿易，而西班牙是西方貿易。

時至今日，除了傳統的中東、遠東貿易路線，以及中、南美洲貿易路線，還新增了東、西非航線，一方面從非洲東岸運送衣索比亞、肯亞、坦尚尼亞及馬達加斯加島所產的咖啡，另一方面也從非洲西岸運走象牙海岸、喀麥隆及薩伊的咖啡豆。蘇伊士運河開通對於咖啡運輸也有極大的助益，可以讓船隻大幅縮短航程和降低成本。

左頁：採收工人在偌大的咖啡園辛勤工作一天後，被南印度卡那塔克邦哈什（Hassor）的一輛卡車載往中心準備出售作物。

咖啡豆的冒險旅程始於 18 世紀的雄偉大帆船，現在則是以較平凡的大貨櫃船運輸，可以在兩週內將一袋袋的咖啡豆從美洲送至歐洲。運輸費用至今依舊高昂，有時候甚至讓貨船所運送的貨物，成本增加一倍。因此有人開發出其他運輸方法，例如直接用咖啡生豆填滿貨艙，取代小心翼翼裝入黃麻布袋的傳統作法。不過，這種方式無法確保到港貨物的品質，只要有一點水滲入就可能毀掉整個貨櫃的貨物。

上圖，由左至右：一袋袋咖啡豆從船上貨艙卸下；港口車輛正在運送貨物，第里雅斯特港，1930 年。

咖啡豆的烘焙藝術

運到歐洲的咖啡豆仍是生豆，必須先烘焙才能使用。

烘焙是加工過程中最重要的一環，咖啡豆必須經過烘焙才能釋放出咖啡的特質，在杯中呈現獨特的風味。在烘焙的過程中，化學與物理反應會產生出 1000 多種物質，這些

上圖：加勒比海岸卡塔赫納港（哥倫比亞）的其中一座倉庫。這裡是南美最重要的幾處貨物集散地之一，處理大量的咖啡、菸草、油、橡膠和棉花。所有咖啡栽植區的咖啡豆都送到這裡，以黃麻袋包裝儲存以避免直接日曬與潮濕，然後再裝櫃運往歐洲。

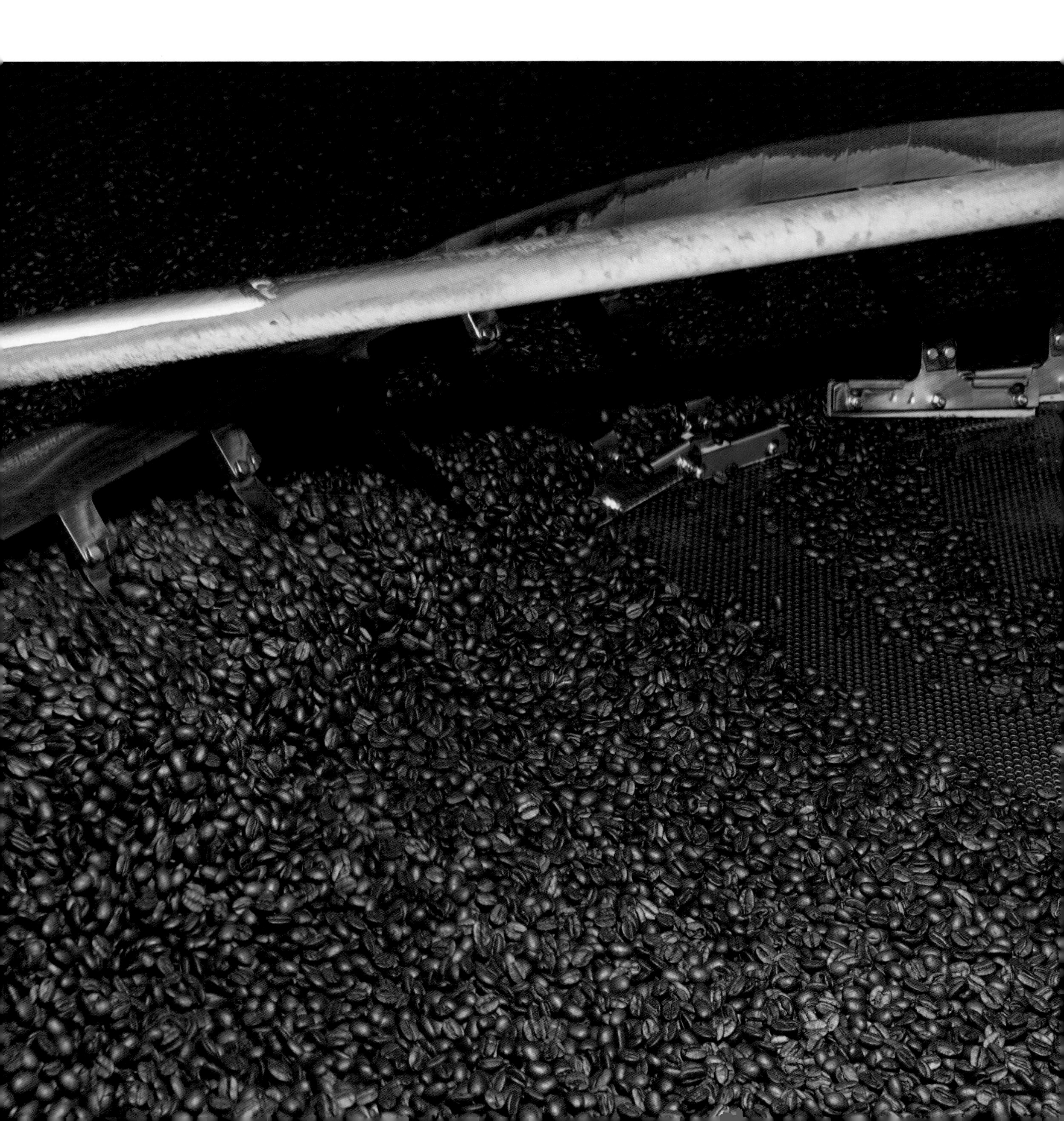

全都會影響咖啡最後的味道與香氣。烘焙的週期大約是 15 分鐘，豆子會依循特定的溫度曲線加熱，逐漸升溫到攝氏 200 至 230 度。

烘焙過程共分為三個階段：烘乾（去除生豆殘存的濕氣）、適度烘焙、冷卻。

烘乾階段幾乎占了整個烘焙過程一半的時間。每一批豆子的濕度都必須完全一致，烘焙的程度才會平均。

烘焙過程中，咖啡豆的重量會減少 16%、體積會增加 60%。豆子裡的糖分會焦糖化、水分會蒸發，糖分與蛋白質之間的交互作用會產生色素，使豆子呈現特有的深褐色並產生香氣（生豆的香氣指數為 200 至 300，但烘焙過的咖啡豆香氣指數則飆升至 1000 以上）。

熱咖啡豆迅速冷卻後，加工過程便大功告成，冷卻方式可分為兩種：水冷式或氣冷式。

水冷式耗費的時間較短，但可能導致香氣喪失，更別提咖啡豆往往會吸收大量水分，導致最後的味道差強人意。氣冷式可確保每一批咖啡豆的風味都能更妥善保存。

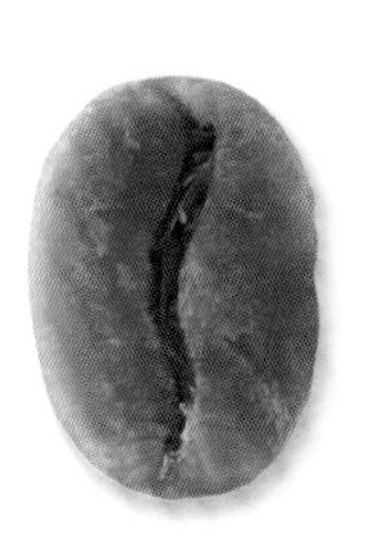

阿拉比卡生豆

烘焙後的阿拉比卡豆

羅布斯塔生豆

烘焙後的羅布斯塔豆

左圖：烘焙完畢後，咖啡豆必須盡快冷卻以避免焦黑變苦。咖啡豆要不停翻動，冷卻盤底部的小孔會有冷風灌入吹過咖啡豆。

為何咖啡豆烘焙會被當成一門學問？

咖啡最終的味道與香氣取決於烘焙過程的溫度曲線，也就是在烘焙過程中調整溫度的技巧。每一次烘焙都有特定的溫度曲線，配合不同顧客的要求與口味，以不同溫度曲線來烘焙咖啡。低溫烘焙的咖啡豆色澤較淺，苦味淡而酸度宜人。高溫烘焙的咖啡豆色澤較深，苦中帶甜、風味較飽滿、濃郁。但最重要的是不能過度烘焙，否則可能出現焦味，不論烘焙的目的或目標為何，過度烘焙都會導致整批豆子全毀。

烘焙的過程會依各個國家的飲用習慣而迥異。芬蘭和北歐地區通常偏好輕度烘焙的咖啡豆。這種咖啡的顏色淡、稠度薄，味道偏酸而非偏苦。

德國人和美國人則是偏好色澤略深的咖啡豆；他們說咖啡豆的色澤應該和修士服一樣呈深褐色。但用這種咖啡豆沖泡出來的咖啡顏色仍偏淡，但酸度較低且苦味較重。

所謂的法式咖啡焙炒法源自於法國與北義大利，目的在於尋求酸度與苦味的完美平衡。

最後，那不勒斯人與西班牙人則是喜愛深焙咖啡豆，以這種豆子沖泡的咖啡顏色極深、苦中帶甜而稠度飽滿。

實物大小的咖啡豆

上圖：烘焙時間是咖啡豆一生中最重要的 15 分鐘。在短短幾分鐘內，咖啡豆會產生約上千種物質，這些物質全都會影響咖啡最終的味道與香氣。烘焙過程中，咖啡豆的重量會減少 16%，但體積卻會增加 60%。上圖 14 張照片顯示咖啡豆在烘焙過程中不同時刻的模樣。

右頁：經過烘焙與冷卻後，咖啡豆會被吸入這根透明管狀物。從下方吹送的氣流可以確保小石頭都留在底部。

T3

咖啡與人類

我們為什麼喝咖啡？

咖啡的氣味、咖啡的芬芳，以及喝咖啡的整體經驗，已將原來單純的飲品轉變成現代生活及當代文化的一種表徵。全世界各地有愈來愈多人喜歡以一杯熱騰騰的咖啡開啟自己的一天。喝咖啡的習慣端視個人生活環境而異。幾個簡單的動作，喝下義式濃縮咖啡還是滴濾式咖啡，但大家的目標都一樣：替自己在沙漠中創造綠洲，讓自己活力充沛、神采奕奕地展開一天的生活。

但咖啡的好處不僅在於精神層面：不但可以提神，也對健康有益。咖啡提供的是智慧而非營養，是聯絡感情、結交新朋友、擴大交易及激發靈感的有效儀式。

歐洲人早在 17 世紀初期便開始飲用咖啡。如今看來或許會覺得奇怪，但古代及中世紀歐洲並無刺激性的「神奇藥水」，當然也不覺得有此需求。

17 世紀中期至 19 世紀中期，發生了一個現象讓咖啡成為特別需要、甚至不可或缺的東西：就是進入所謂的小冰河期，這段期間寒冷的氣候逐漸擴散至全歐洲，造成饑荒、嚴冬及涼夏。茶與咖啡有助於止飢和保暖，因此銷量大增，最後成為世界上最受歡迎的兩種飲品。

左頁：在吧檯邊簡單喝杯咖啡，1955 年。

除了氣候的影響外，中世紀時期緩慢的生活步調也是原因之一。當時有許多不用工作的神聖節日，社會也不太井然有序。1583 年是一個重要的轉捩點，那一年伽利略（Galileo Galilei）想出擺錘等時性原理，這個真正的革命性發現促成了機械式鐘錶問世。在 17 世紀後半葉，分針已在英格蘭普及，而這個新出現的精準報時機制也帶動了早幾年根本難以想像的工商發展。

或許只是巧合，但在這種新的思考與行為模式紮根之際，也正是咖啡在威尼斯、巴黎、阿姆斯特丹、倫敦及歐洲各地逐漸流行之時。咖啡的提神效果有助於振奮精神，克服折磨人的漫長工時並消除疲勞。

在這段期間，一杯好咖啡已成為身體重要的調劑品，也是無可取代的提神飲料，能讓人保持清醒，準備面對忙碌生活中的許多挑戰。因此可以合理推測，懷錶問世及發現咖啡因的優點，是帶動現代世界發展的天作之合。

正如班傑明・富蘭克林（Benjamin Franklin）所觀察到的，咖啡從遙遠的美洲殖民地進入倫敦的時髦圈子，可說是上天賜給那個時代的禮物。這種誘人的黑色芳香飲料的優點之一，是它不含一滴酒精，這對那個慘遭酗酒荼毒的年代來說，是一件天大的好事。

咖啡因此大受歡迎，成為使人保持清醒的飲料，也是可以在清醒時整天飲用的萬靈藥，讓人類得以擺脫萬惡酒精的箝制，以及避免酒後亂性。鑒於在這個競爭激烈的機械化新時代，茶和咖啡有助於提升時代所需的生產力，於是官方很快就給予這兩種飲品全力支持。

工業革命帶動了發展，促使傳統的農貿經濟市場轉型為現代化工業社會，開始仰賴以石化燃料驅動的機械，這種情形在英格蘭尤其明顯。

這些新興工廠的勞工開始喜歡喝咖啡，代表他們已慢慢戒掉了無所不在的啤酒，而咖啡也減輕了他們從農田轉移到工廠的心理壓力。數百萬人發現自己的生活已被時鐘制約，取代了原本沉浸在大自然的生活，許多人自然極度依賴能幫助他們適應新生活的東西。

在生產線不停輪班之際，咖啡成為勞工操作機械時對抗瞌睡蟲的重要盟友。甚至可以直接認定，攝取含咖啡因的食物及飲料，加上電燈在同時期問世，讓工人更能適應由時鐘指針控管、而非日出而作日落而息的新工作節奏。

考慮到那個年代的情況，則還有一點也不容忽視，就是沖泡茶或咖啡時必須將水煮沸，因而降低了腸胃病的發生率；當時的工廠工人住在有礙健康又過度擁擠的都市裡，感染腸胃病的情形時有所聞。

因此，咖啡因在史上第一次經濟繁榮期占有舉足輕重的地位。哈佛醫學院睡眠專家查

爾斯・切斯勒（Charles Czeisler）的論點讓人不得不同意，這位神經學家表示，咖啡因成就了現代世界：「沒有咖啡的輔助，就不會有現代社會一天 24 小時都在工作的瘋狂生活步調。」

但咖啡也成為一種文化象徵。歐洲第一家咖啡館是由愛德華・勞依德所創， 1688 年於倫敦開張：這家店是貿易商和水手的聚會場所，後來發展為一家名列前茅的國際保險公司。

咖啡館日漸盛行，成為談生意與討論藝術、科學和文學的熱鬧集會場所。尤其在巴黎，第一批咖啡館可說是啟蒙運動的標誌。

上圖：愛爾蘭的水街傳教中心（Water Street Mission）發送咖啡給貧民，約 1880 年。

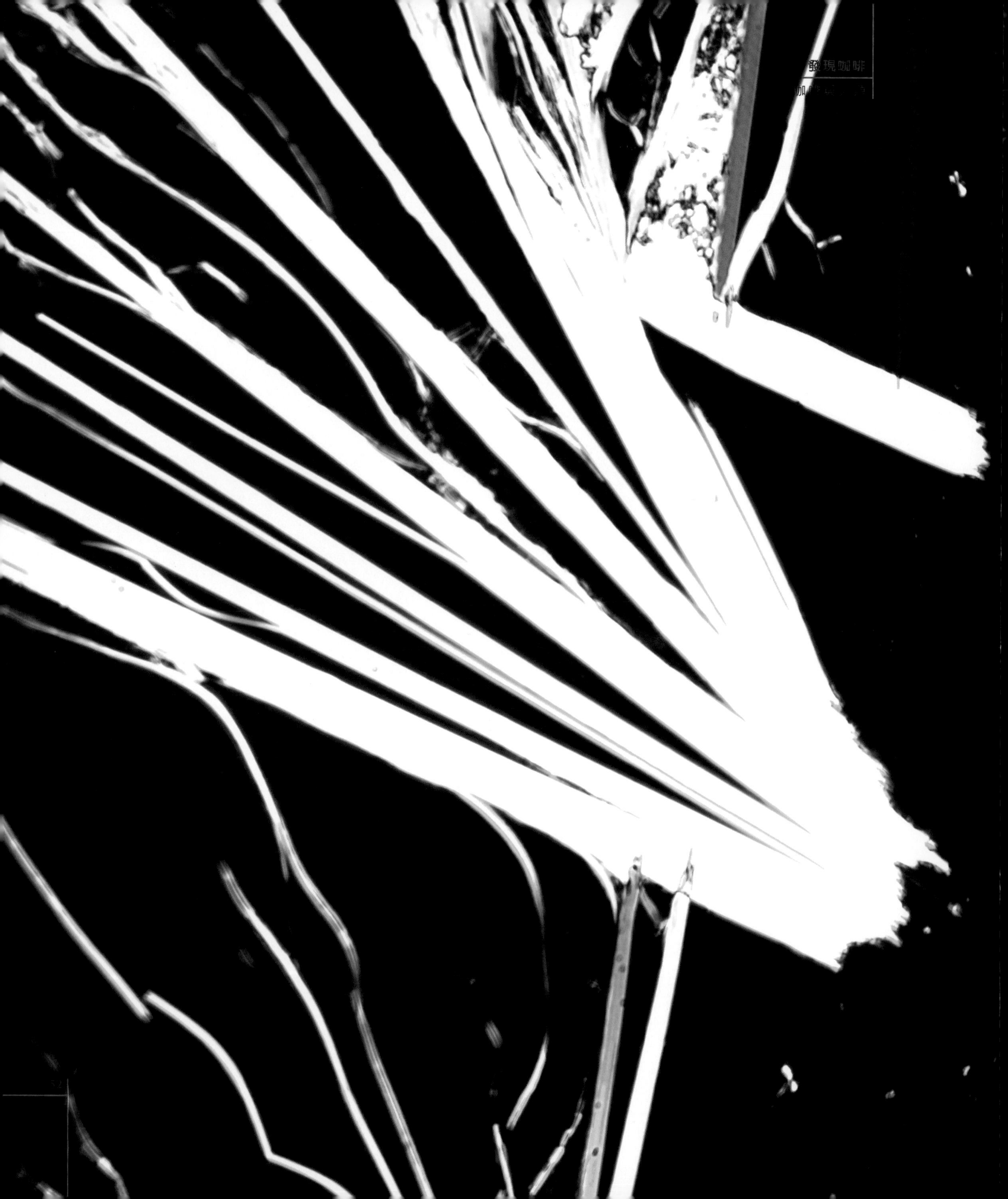

咖啡因的特性

咖啡因存在已久，是一種生物鹼（也就是有機物質），存在於五十餘種植物的樹葉、種子或果實中，包括茶、咖啡、可可及可樂樹等。早在公元前 6 世紀，這種物質的提神效果便已為人熟知，最早運用這種物質的人是中國的道家始祖老子，他建議徒眾喝茶來延年益壽。

至於西方發現咖啡因的故事，則是一則介於傳奇與事實之間的古怪傳說。

就在 1819 年咖啡店於西歐如雨後春筍般興起之際，約翰．沃爾夫岡．歌德（Johann Wolfgang Goethe）將幾顆珍貴的阿拉伯咖啡豆裝在小盒子裡，送給德國醫師弗立德里普．費迪南．倫格（Friedlieb Ferdinand Runge），拜託他分析這些豆子。歌德在閒暇之餘喜歡研究生物學、化學及礦物學，他很好奇咖啡有何特質，能夠在當時家家戶戶的客廳大受歡迎。

倫格在欣喜之餘著手研究，並成功分離出一種物質，他稱之為咖啡鹼（Kaffebase）。咖啡因這個詞實際上可能是由物理學家希爾多．費希納（Theodor Fechner）所創，繼倫格研究後數年，他將同一種物質稱為咖啡因（coffein）。

到了該世紀末，可樂樹和可可樹的核果裡也發現了咖啡因。

現在就讓我們來進一步探討咖啡因。咖啡因是咖啡所有成分中最知名的一項，在化學界有個誇張的名稱，叫做三甲黃嘌呤（1.3.7-trimethylxanthine）。不過，它還有好幾個別名，像是咖啡鹼（theine）、馬黛因（mateine）和瓜拉那鹼（guaranine）等，不過這些其實都是屬於嘌呤類生物鹼族的相同分子，其他類似的物質包括茶鹼（茶裡的活性成分）及可可鹼（可可豆包含的物質）。

咖啡因是由地球上最常見的四種元素組成：碳、氫、氮、氧。從咖啡中萃取出的咖啡因呈現白色粉末狀，外形類似玉米澱粉。咖啡因基本上沒有味道，只帶有極淡的苦味。

我們一天可以攝取多少咖啡因？科學家達成的共識是 300 至 400 毫克仍屬適量。

上圖：德國奧拉寧堡（Oranienburg）鎮上的化學實驗室前，矗立著德國醫師弗立德里普．費迪南．倫格的雕像，他在 1819 年從咖啡中分離出一種他稱之為咖啡鹼的物質，也就是今天所說的咖啡因。

左頁：光學顯微鏡下的咖啡因結晶。

次頁跨頁圖片：義式濃縮咖啡泡沫中的咖啡因結晶，透過光學顯微鏡放大。

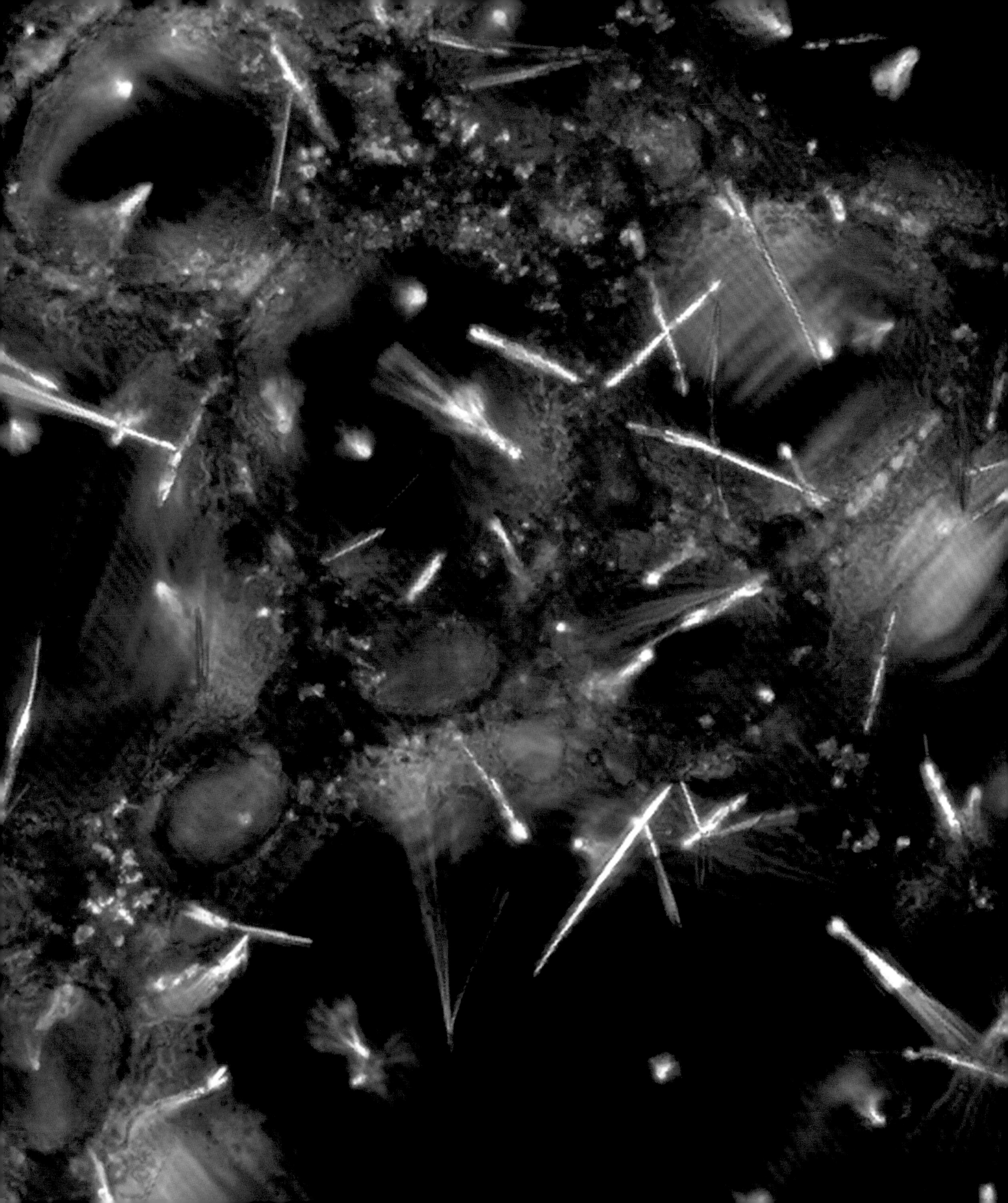

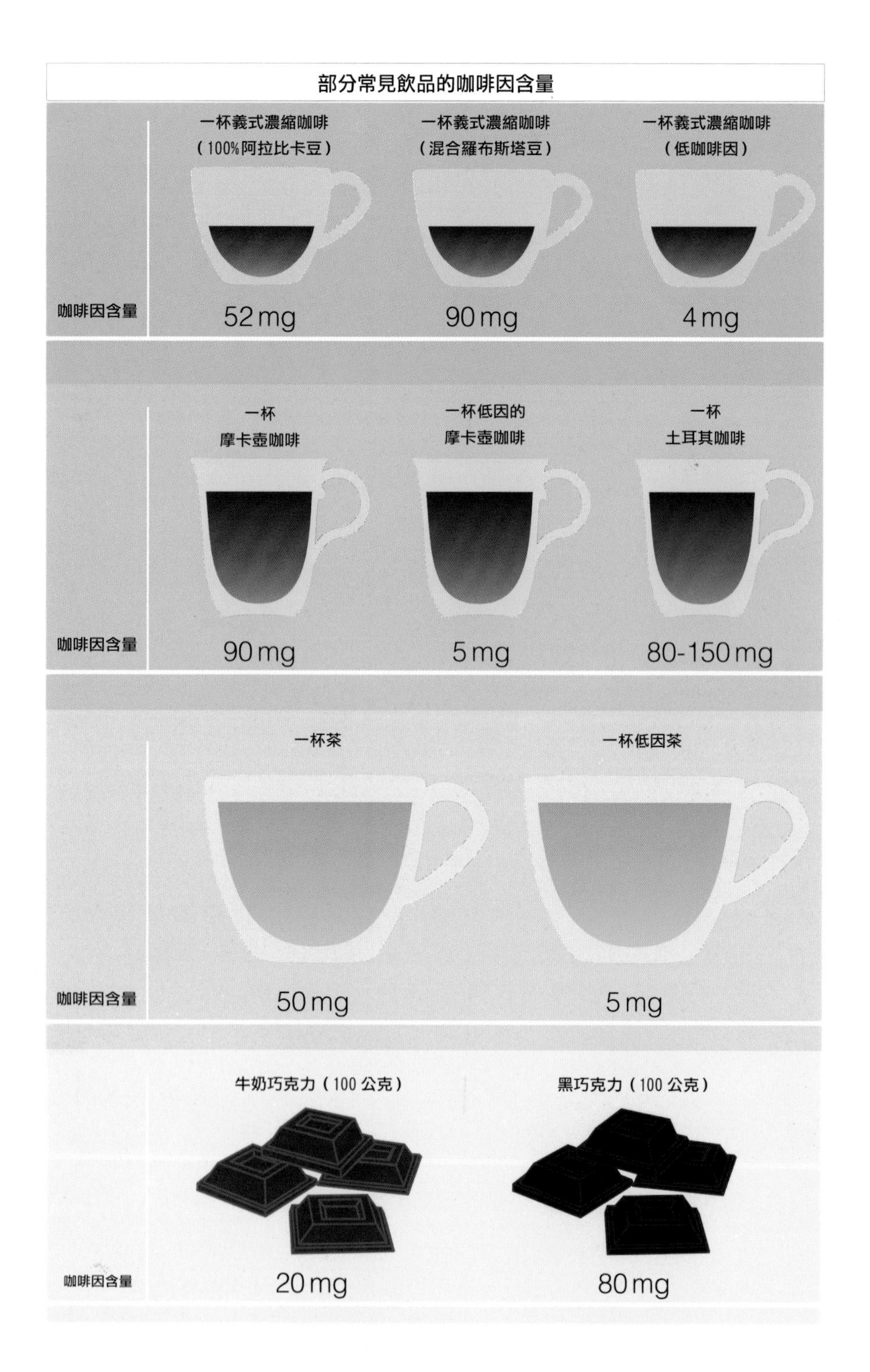

不過，要注意的是咖啡因不僅存在於咖啡中，茶、可可、馬黛茶、瓜拉納碳酸飲料和許多汽水也都含有咖啡因。

以咖啡而言，咖啡因的含量取決於咖啡豆的種類及沖泡方式。

阿拉比卡豆與羅布斯塔豆的化學成分質與量皆不同。例如，阿拉比卡豆的咖啡因含量較低（大約是羅布斯塔豆的一半。）

為了讓讀者明白其中的差異，在此比較各種常見飲品的咖啡因含量。值得注意的是，風味醇厚不一定表示咖啡因的含量高。

從咖啡豆直接萃取出的咖啡因粗結晶；玻璃容器中的是咖啡因細結晶。

咖啡因結晶在熱水中極易溶解，而咖啡的咖啡因比重則取決於以下各項變數：

分量	咖啡粉愈多，咖啡因也愈多
沖泡方式	浸泡法（例如土耳其咖啡採用的方式）會比滲濾法（義式濃縮咖啡和摩卡壺咖啡）釋出更多咖啡因
水溫	溫度愈高溶出的咖啡因愈多
沖泡時間	調理過程愈長釋出的咖啡因愈多
最終分量	咖啡因的整體含量顯然取決於杯中咖啡的分量

義式濃縮咖啡不論使用何種咖啡豆，咖啡因的比重都最低：烘焙咖啡豆釋出的咖啡因比重約為 75%，相較之下美式咖啡的比重則達 98%。這是因為義式濃縮咖啡的沖泡時間較短、水溫較低，且杯中的咖啡分量也較少。

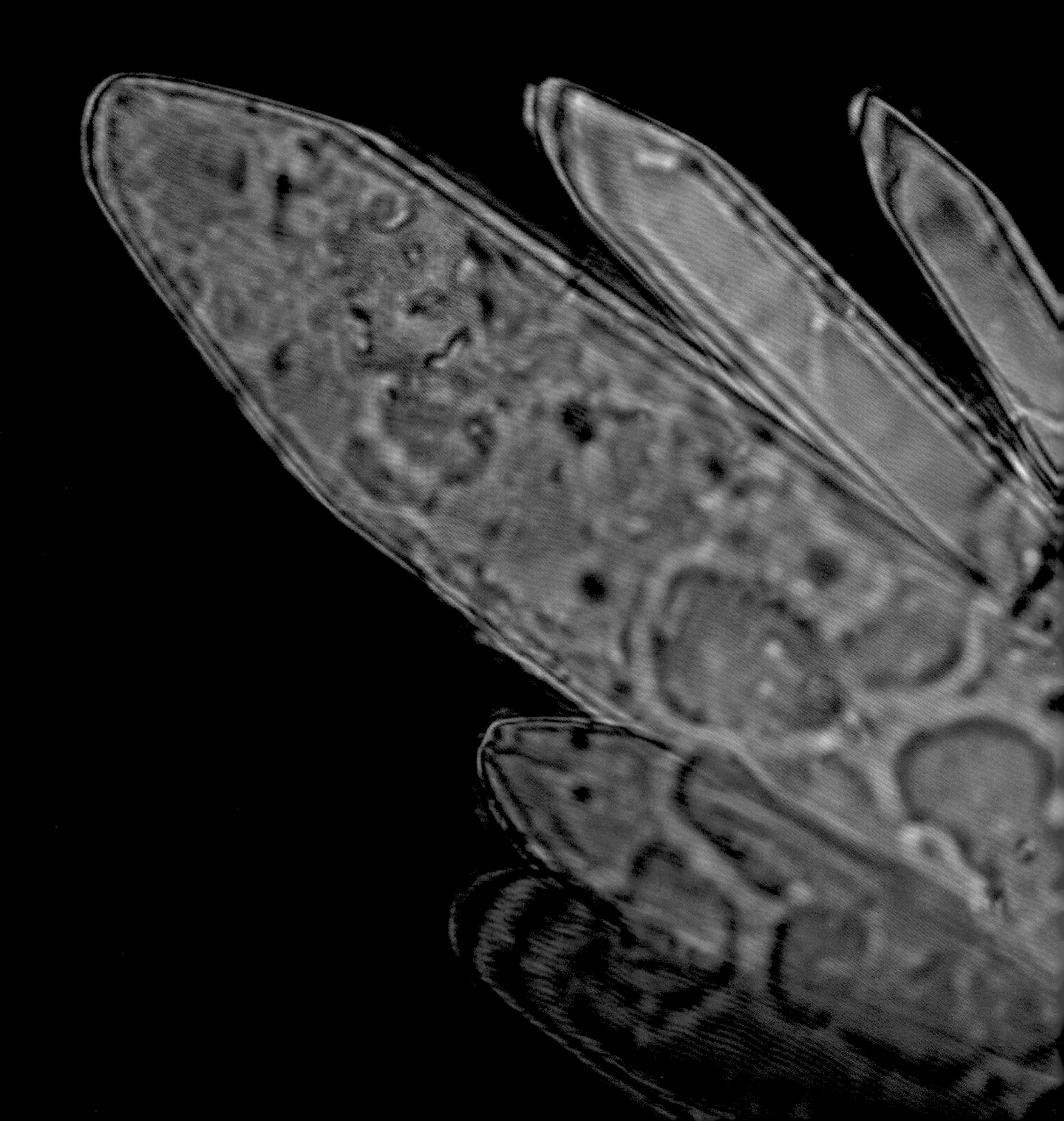

咖啡與健康

每天有將近十億人至少會喝一杯咖啡，其中有些人或許會懷疑這個習慣對自己究竟是好是壞。已經有數千項研究明確證實，適量（一天四、五杯義式濃縮咖啡）飲用咖啡對健康完全無礙。

在探討喝咖啡對生理的影響時，首先應該留意的是，有關該主題可信度最高的最新醫學文獻，已經顛覆過去公認咖啡有不良影響的觀點。例如，咖啡已不再是造成心臟病、各種癌症、受孕困難、妨礙哺乳、骨質疏鬆及高膽固醇的元凶。

咖啡對健康的影響在 80 年代成為嚴肅的研究主題。研究結果（大多在意料之中）洗清了咖啡的罪名，在聽過許多危言聳聽的說法後（也就是咖啡的主要成分咖啡因可能有害），大家終於又回歸常理。

所以我們應該小心避免誤解實驗數據，或誤以為咖啡因只和咖啡有關。首先，飲用的咖啡種類也很重要：正如前文所述，在吧檯邊喝的義式濃縮咖啡，咖啡因含量其實低於美式滴濾咖啡，但大家通常以為風味濃厚代表刺激效果也同樣強烈。

由於咖啡因是水溶性，可以輕鬆通過所有細胞膜，因此很快就能由胃部及上消化道完全吸收，再經由血液擴散到全身各器官。

咖啡因在體內的停留時間很短，也沒有累積的危險，血中濃度很快就達到最高點，然後在幾個小時內逐漸減少消失。科學家為了便於比較，在研究中運用了半衰期的概念，也就是血中某物質含量減少一半所需的時間；咖啡因的半衰期平均約 4 小時。

儘管如此，了解咖啡因的吸收量仍十分重要，因為它是世上最常用的藥理活性物質。咖啡因的主要作用在於刺激中樞神經系統，影響人類的行為並抵消人體新陳代謝所產生的天然安眠藥——腺核苷。這表示咖啡因能消除睡意、提振精神、刺激神經系統和鼓舞心情。這種物質有助於呼吸與消化，可降低飢餓感，因此是節食期間的良伴。

左頁：利用高倍數光學顯微鏡放大的咖啡因結晶細部樣貌。

日常生活中的咖啡

這種黑色飲料具有某種特性，就是會讓人……徹夜不眠！而這種特性也常成為大家討論不休的話題。在此可以說，只要根據個人需求飲用咖啡，並留意自己的生理節奏，咖啡其實對睡眠並無影響。不過如果飲用過量（一天超過七杯），便可能導致睡眠障礙或縮短睡眠時間。如果攝取的咖啡量更高（咖啡因總量超過 1 公克），可能會導致焦慮不安。

但在休息時間喝杯咖啡無疑能讓人保持清醒、集中注意力。

一杯好咖啡可以讓人擺脱那些導致反應遲鈍、注意力渙散的麻煩症狀，特別是必須在平時不習慣的時間工作時，效果更為明顯。

大家也常提出另一個十分簡單卻也同樣重要的問題：咖啡能否緩和頭痛？

部分研究顯示，一小杯咖啡可以略為減輕偏頭痛的症狀，主要原因在於咖啡中的血管收縮物質（例如咖啡因）可以緩解血管擴張所造成的疼痛。雖然並非所有的頭痛都是由血管擴張造成，但喝杯咖啡試試看也無妨。

左圖：以摩卡壺沖煮的咖啡。

右頁：在那不勒斯，端上一杯滾燙的咖啡是高服務品質的象徵。因此給動作敏捷、專業的服務生小費已經成為慣例。

咖啡與抗氧化物

除了咖啡因，咖啡也含有數百種化學物質。細究之下不難發現，其中還包含為數驚人的抗氧化物。現代人對於抗氧化物與自由基已有許多探討，但並非每個人都清楚這些術語的意義，特別是這些物質可能對我們日常生活造成的影響。

因此首先應該釐清何謂氧化物，也就是俗稱的自由基？氧化物就是氧化合物，會導致人體細胞氧化（老化）。氧化物的部分來源是抽菸、缺乏運動、空氣污染、陽光和組織發炎。

人體的自然防衛機制對於這類傷害的保護作用有限，而這類傷害可能造成老化、心血管疾病，甚至可能發展為癌症及免疫系統的一般傷害。人類為了想進一步了解氧化物與某些疾病的關聯，因而展開許多研究。

健康均衡的飲食可以為人體提供抗氧化物，進而預防或至少延緩和減輕這些退化性疾病的最壞情況。

抗氧化物能抑制自由基的作用，有助於修補氧化造成的傷害。人體本身擁有多種天然抗氧化物，但適當的飲食可以大大提高這些物質的含量。例如，維生素E、維生素C、β-胡蘿蔔素、硒、尿酸及其他某些蛋白質都能對抗自由基、幫忙減少它們的數量。黃豆、綠茶、紅茶、紅酒、迷迭香、柑橘類水果、洋蔥、橄欖、白花椰、綠花椰等蔬菜，都是富含抗氧化物的其中幾種食物。藉由攝取富含這些成分的飲食，可以加強人體對抗自由基的防衛機制，而咖啡也是其中的一員。

許多研究，包括羅馬的食品營養國家研究院（National Research Institute for Food and Nutrition，INRAN）營養紀錄與資訊小組組長達米奇教授（Professor D' Amicis）所進行的一連串試驗均證實，抗氧化物能防止肝硬化並預防膽結石及肝腫瘤形成。研究顯示，喝咖啡與腫瘤發生的機率成反比：完全不喝咖啡的人，罹患腫瘤的機率比一天喝四杯咖啡的人高五倍。健全的肝臟對生活至關重要，知道自己深愛的咖啡對這個器官也有益處，真讓人欣喜。

左圖：部分含天然抗氧化物的食物（洋蔥、白花椰、綠花椰、黃豆、橄欖油與橄欖、紅酒、柑橘類水果、綠茶、紅茶）。

身體與大腦的最佳狀態

有多少人喜歡光靠賣弄記憶力來顯示自己很有學問？有誰沒有曾經引述幾句在學校或最近讀過的詩句？

其實，咖啡對於這種記憶機制有一定的作用。記憶可以分為短期記憶（工作記憶），也就是將我們現在思考的事情排序的系統；另一種則是長期記憶，就像是一座儲存容量較大的大型穩定倉庫。在處理外來資訊時，咖啡因有助於提升短期記憶力，能讓思緒更迅速、更清晰，也讓人更清醒、學習更容易。換句話說，咖啡能讓我們充分運用精力在學習上。

咖啡因可以幫助疲倦的大腦恢復精神，即使周遭有許多事物讓我們分心，仍能藉由咖啡因提高注意力。例如在準備考試時，每當我們的專注力衰退，咖啡就能發揮重要的功用。現在我們來看咖啡因如何提升體能表現。目前為止，研究顯示喝咖啡有助於做運動或鍛鍊體能的人消除疲勞。

咖啡因是輕度興奮劑，效果強弱視從事的運動而定。如果從事的是單調的運動，往往很難有動力繼續，此時咖啡因能幫助我們打起精神堅持下去，並在運動結束後減輕疲勞感。這些效果在我們做長期溫和運動時，似乎比做短期衝刺型運動更為明顯。至於適當的飲用量是多少，其實一杯咖啡的咖啡因含量便足以產生顯著的影響。

有一則消息想必是所有運動員的福音：世界運動禁藥管制組織（World Antidoping Agency）已於 2004 年將咖啡因從禁藥清單中移除。

所以，長期經常飲用咖啡，再搭配均衡的飲食，有助於維持健康體態、保持神采奕奕。

咖啡的另一個優點是能夠預防糖尿病。有好幾項研究均突顯出一個事實，就是在健康的生活模式下（避免過重），定期飲用咖啡有助於預防第二型糖尿病，這種糖尿病是由於身體無法妥善利用荷爾蒙而造成，並非缺乏胰島素所致。眼下還不清楚咖啡究竟是如何發揮這種功效，也不確定產生作用的是咖啡中的哪些成分。但這個主題仍是有趣且大有可為的研究領域。

左頁：在北極圈內的斯瓦巴群島（Svalbard Islands）探險期間，喝杯咖啡休息一下是不可或缺的。

低因咖啡

從前述可知，只要適量攝取並根據個人喜好飲用，咖啡因其實有許多優點。但這仍無法阻止咖啡因遭受不公平的抨擊，特別是含咖啡因的飲料消費量極高，甚至許多汽水都「不當」添加咖啡因。不難想見消費者會因某種「心理作用」而提高警覺，也促使他們尋求低咖啡因的咖啡。

上圖：兩種咖啡生豆（也就是未經烘焙的咖啡豆）。左邊為一般生豆，右邊為低咖啡因生豆。

右頁：以溶劑去除咖啡因，過程中使用過濾器以重覆利用二氯甲烷；二氯甲烷是一種有機溶劑，在40度時會揮發，不會殘留在烘焙過的咖啡豆中。

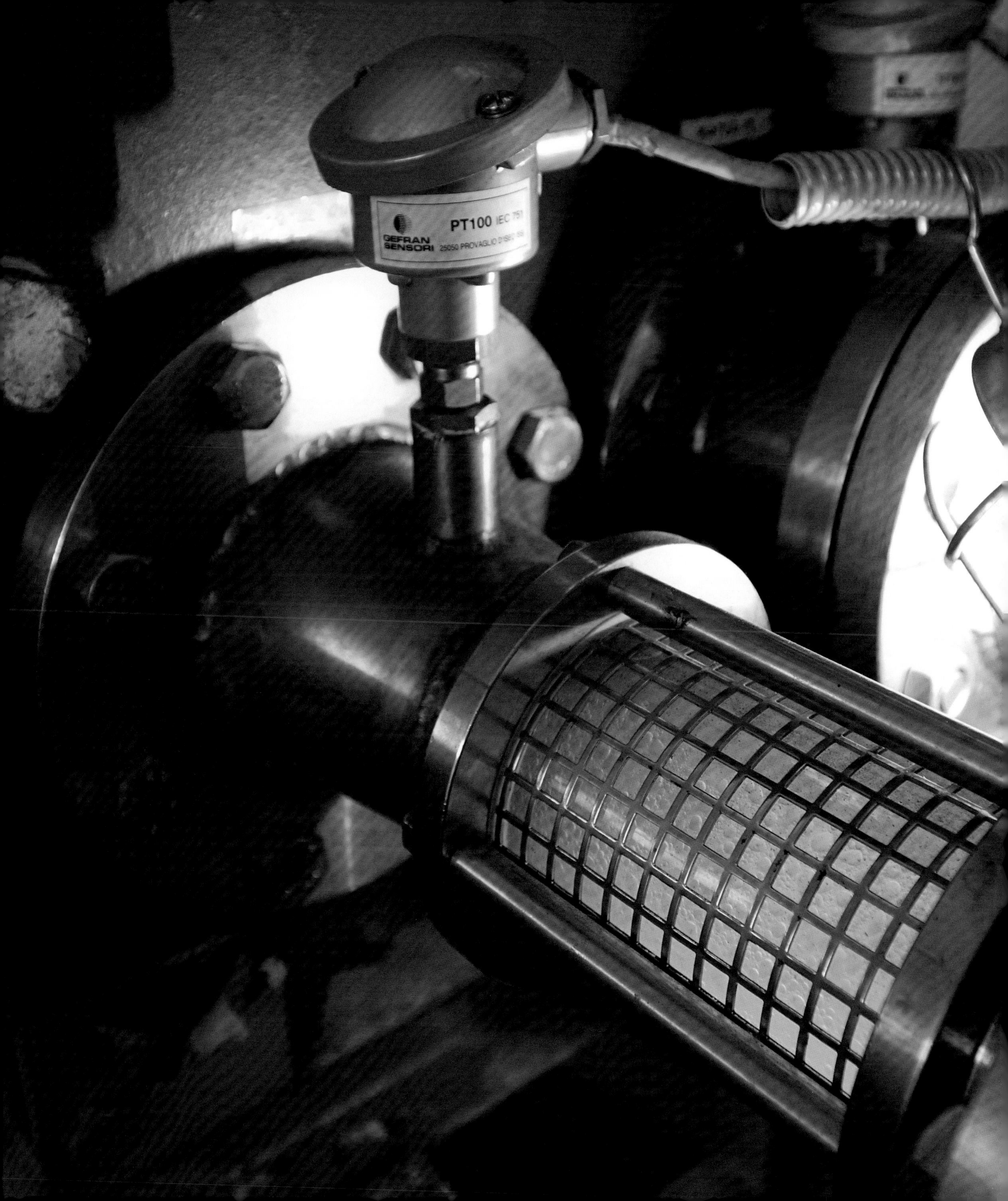
PT100
GEFRAN
SENSORI
25050 PROVAGLIO

去除咖啡因的流程是由德國人路維格．羅塞魯斯（Ludwig Roselius）在 1905 年前後所創，但大家常誤以為這個過程會減損咖啡的香氣。

咖啡的風味取決於烘焙過程中產生的芳香物質濃度，而去咖啡因則是在生豆階段執行。咖啡因是所有咖啡生豆都含有的生物鹼，在任何情況下對於咖啡的味道或香氣都沒有太大的影響，即使經過烘培。不過，如果是以水或不適合的溶劑作為去除咖啡因的媒介，可能導致咖啡的香氣有些微流失或輕微改變。

不論採用何種方式，去除咖啡因的步驟都是在咖啡豆烘焙之前進行。重要的是，只要仔細篩選優質咖啡生豆，不論咖啡因含量多寡，都一定能煮出風味絕佳的咖啡。根據規定，低因咖啡的咖啡因含量不可超過 0.1%。

左圖：去咖啡因的咖啡豆倒入黃麻袋中。

去除咖啡因的方法有三種，分別是用不同的特殊溶劑將生物鹼溶出帶走。

以水去除咖啡因。咖啡生豆中的咖啡因屬水溶性，因此這種方法運用極高溫的熱水（攝氏 70 至 80 度），不僅能溶出咖啡豆中的咖啡因，同時也吸附了一些芳香物質及一定比例的糖分與蛋白質。利用活性碳過濾器將溶液中的咖啡因完全去除。再用這些已不含咖啡因的溶液，處理新鮮的咖啡生豆，透過一種名為擴散作用的過程將咖啡因去除而不流失香氣或風味。整個過程大約需要 8 小時。

以二氧化碳去除咖啡因。將蒸汽和水噴灑在咖啡生豆上，直到生豆達到一定濕度（最高 40%）。接著將豆子放入名為萃取儀的特殊機器中，再加入達到超臨界狀態的二氧化碳，這種狀態的二氧化碳可以像氣體一樣擴散、如液體一般溶解。過程中不需要再添加其他物質。在壓力介於 120 至 250 大氣壓之間的控制環境中緩緩萃取咖啡因。以二氧化碳去除咖啡因是一種高選擇性的萃取過程，但所需設備要價不菲也並不普及。

以溶劑去除咖啡因。咖啡生豆同樣必須先以蒸汽處理，再放入萃取儀中，藉由二氯甲烷或乙酸乙酯（歐盟法規許可的兩種有機物質）的作用去除咖啡因。接著再以蒸汽處理去除所有的殘留物，最後經過烘焙去除任何殘餘物質。值得一提的是，這兩種化合物都是高揮發性，因此不會殘留在生豆中，更不會殘餘在烘焙過的咖啡豆中。乙酸乙酯是一種有機溶劑，具有兩種不容忽視的特色：高度易燃且帶有極濃郁的果香，因此咖啡中可能帶有一絲水果味。

品味的品味

品嚐咖啡的學問

品嚐咖啡為什麼是一門學問？人類的每個活動都可能造成重大錯誤、普通結果或卓越成就。能不能將錯誤轉變為潛在的勝利，通常取決於有沒有一試再試的意志，在屢試屢敗中逐漸累積專業，最後達到完美的境界。

專業的咖啡品嚐師每天全心投入這個基本活動，磨練自己的感官並設法釐清任何新感覺。

要成為專業咖啡品嚐師並不如一般人所想的容易。每個人都須具備某些技巧，然後藉由他們最常做的事情逐步提升這些技能。因此如果有人表示只要上速成班就能成為完美的品嚐師，請小心提防這些人。想了解如何鑑別咖啡的細微差別，必須長期累積、每天用功，因為品嚐咖啡的過程中必須同時運用感官與智慧。

咖啡品嚐師所能達到的水準，與個人好奇心及嘗試的意願呈正比，新手必須不斷練習才能變得更專業。但重點不全在於練習，因為業餘和專業咖啡品嚐師之間的差別也在於個人資質，而這點完全是跟每個人的天賦能力有關。

不過，還是試一試吧！愈努力嘗試，發現自己品嚐咖啡的能力進步時成就感也愈高。

在此將提供一些簡單的建議與資訊，以便讓讀者運用於日常生活中，也對品嚐咖啡提供具體協助。

右頁：巴西實驗室的研究人員正在品嚐咖啡樣本。

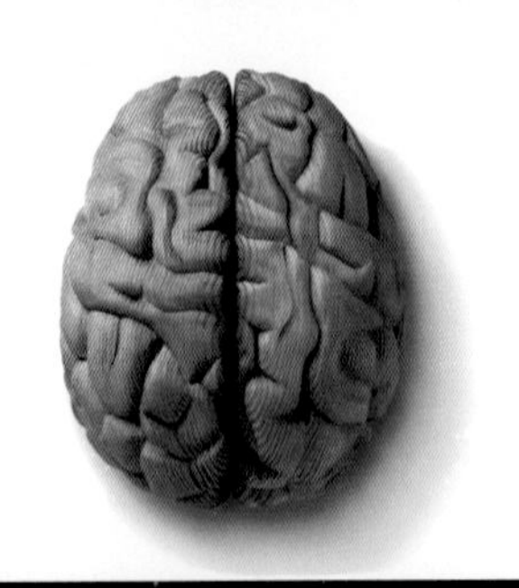

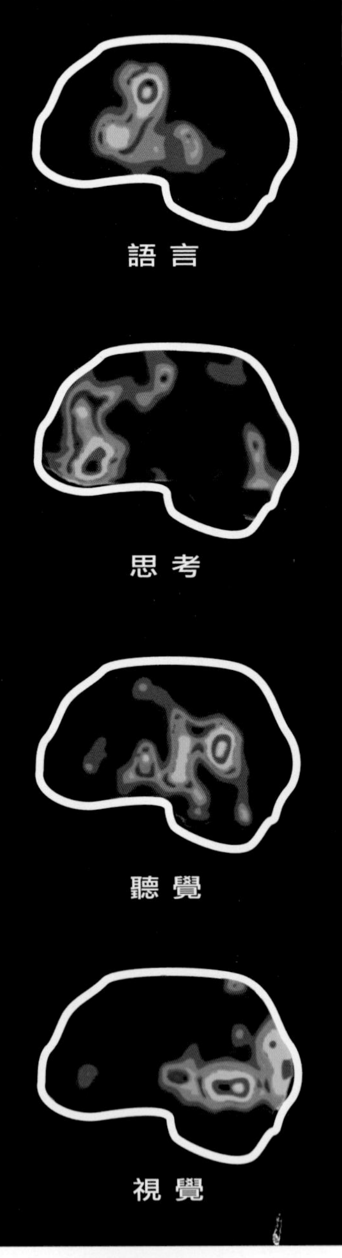

第一步是抗拒加糖的誘惑，即使平常會加上一、兩匙糖，也應該戒掉這個習慣。如此一來，才能品嚐到咖啡微妙的差異，例如哥倫比亞咖啡與瓜地馬拉咖啡的不同之處，就在於這些細微的差別。

若想體會其中的差異，不妨比較兩種咖啡加了糖和不加糖的味道。它們加了糖後的味道還是不同嗎？

品嚐咖啡時必須用到大腦，這一點至關重要。喝咖啡與品咖啡的不同，就像是聽到或傾聽別人說話；在品嚐或傾聽時，我們會全心全意捕捉和處理資訊。同樣地，經過訓練的味覺會將刺激感與訊息傳達至腦部，由大腦加以辨別與編碼，因此品嚐時絕對需要動用腦力。

自然界已經賦予所有人必需的能力，讓我們得以了解與評估口中食物與飲料的特色，否則人類根本無法存活。想像一下，如果我們的祖先無法運用感官功能分辨哪些食物可吃、哪些食物有毒的話，人類會有什麼下場。

但我們的感官能力究竟被訓練得有多強？

答案是不怎麼強。試想：要描述童年的某個畫面容易，還是形容許久以前喝過的飲料的香氣與風味比較簡單？畫面確實會在腦中留下較深刻的印象，但我們也可以想起特定的味道和氣味。

人類的記憶可分為保持式記憶與迸出式記憶；前者是我們刻意回想過去的某件事。相較之下，視覺、嗅覺或觸覺印象則是能喚起（以不是完全刻意的方式）過去某一刻與該感官經驗相關的情緒。就這方面而言，嗅覺絕對是最能喚起隱藏回憶的感官。我們一旦察覺到氣味與味道，便能正確辨識。此時我們會求助於大腦這座奇妙的內建資料庫，其中儲存了各種與過去經驗相關的資訊。

由上至下：腦部掌管語言、思考、聽覺、視覺的區域。

風味與香氣

咖啡的味道可以分為酸味、苦味與甜味。未經訓練的人通常會誤判某個特定口感，最常見的錯誤發生在辨別酸味與苦味時。

首先，必須破除舌頭分成不同味覺區域的迷思。其實整個舌頭都能嚐到各種味道；除了舌尖之外，舌面與舌側也一樣能嚐到甜味，以此類推。真正的差別在於不同區域對味道的感受強度：以糖水而言，舌尖可以察覺到濃度極低的甜味，但舌頭兩側只能嚐出濃度高的甜味。一般而言，喝下檸檬汁時舌頭兩側會有強烈的感覺，這就是酸味。舌根則是最能感受到苦味的區域。能引起這部位強烈反應的東西，可能包括草藥酒、蒲公英葉或某些藥物。

仔細留心感受到的各種刺激，就能辨別和評估口中咖啡各種成分的強度。

品味香氣則是更微妙的工作。有兩種方式可以辨別咖啡的香氣：首先聞咖啡的氣味（直接氣味或鼻前氣味），接著再留意只有喝了第一口之後才會出現的餘味（間接氣味或鼻後氣味）。經證實，我們可以透過鼻前與鼻後通路察覺到不同香氣，以不同方式辨別相同的氣味。

如果味道與香氣之間的區別不夠清楚可辨，可以試試以下的小實驗：緊捏住鼻子，嚐一小口咖啡留意口中的感覺，這就是咖啡的味道。現在先不要將咖啡吞下，放開鼻子留意腦中接收到的新訊息。這時你就能辨識出咖啡的香氣了。這個方法也可以用於品嚐其他食物，像是果汁或甜點。例如，捏住鼻子便難以辨別水蜜桃與杏桃或其他熱帶水果的差異。

運用五感

嚐咖啡時必須運用到五種感官功能。只要能體認這些感官的重要性，不論採用何種沖煮法，都能泡出一杯好咖啡，並辨別咖啡複雜的特色。品嚐咖啡確實需要運用多重感官，因為享用一杯咖啡不僅在於味覺，在準備、聞氣味與品嚐咖啡時，所有的感官都會受到刺激。

我們都知道摩卡壺發出咕嚕聲，表示咖啡已經煮好了。同時我們的視覺也會告訴我們，義式濃縮咖啡上那層褐色泡沫「克立瑪」是否達到標準。嗅覺顯然是品味咖啡乾香與濕香的主要感官，而味覺則告訴我們東西的甜度、酸味或苦味。最後，觸覺讓我們能評估食物的口感與溫度，以及飲料的密度或「稠度」。接下來探討如何善用感官，了解一杯咖啡所傳達的所有資訊，以及決定這杯咖啡討喜與否的各種因素。

早上在吧檯邊品嚐咖啡的人，與真正的行家或專業品嚐師之間的基本差異，在於能否判斷什麼只是主觀的「喜歡」或「不喜歡」，什麼才是依據他人認可與共享的客觀標準所作出的正確評價。。

為了盡情感受咖啡在味道與香氣上的所有微妙之處，我們必須盡可能讓味蕾保持在最佳狀態。這表示在品咖啡之前，應該讓口腔環境保持中性，不要讓高溫、麻辣或重口味的食物、酒、菸等東西污染口腔。

在品嚐下一杯咖啡之前，先用清水漱口以清洗口腔，通常在品嚐每一杯咖啡前，都要漱一次口。

中性的米香也可以用來「清」味蕾。只要將幾粒米香放進嘴裡嚼一嚼，讓米粒通過舌面即可。這個方法可以清除舌上的味道，作好萬全準備品嚐下一杯咖啡。

以聽覺、視覺、嗅覺品嚐義式濃縮咖啡

首先從聽覺開始討論，這是品咖啡的過程中最少用到的感官。不過要注意的是，在充滿擾人聲音的嘈雜環境裡想作出正確判斷，可能很快就導致感官疲勞。噪音本身會影響我們的專注力，而在品咖啡時，顯然全副心思都應該集中於杯中的咖啡。

視覺是我們理解世界主要運用的感官，而品咖啡時必然會受到咖啡的外觀所影響。在這個階段我們真正要留意的是咖啡表面的泡沫「克立瑪」，因為這層泡沫提供了重要資訊，可以看出沖煮咖啡的技巧有多高明。

泡沫不但是義式濃縮咖啡的特色，也能保存杯中咖啡的香氣，避免香氣飄散到空氣中流失。因此，這層泡沫的作用就像是某種保護層。

泡沫的色澤從深褐色到淡棕色不等，甚至還帶有泛紅色調。而所謂的虎斑，也就是泡沫上的深色條紋，是由咖啡中的咖啡粉微粒所造成，代表這杯義式濃縮咖啡的沖煮方式很完美。

讀者可以根據本頁所附的咖啡圖片，判斷自己沖泡的咖啡是否理想。以視覺評估咖啡後，接著就是運用嗅覺探索義式濃縮咖啡撲鼻而來的香氣。

一定要用湯匙攪拌咖啡來「打破」這層泡沫，以便對於咖啡飄散的氣味有更明確的印象。這些氣味可能微弱也可能強烈，可能優雅乾淨，反之也可能平凡混濁。例如，一杯優質的阿拉比卡咖啡可能帶有焦糖、麵包及蜂蜜等氣味，外加些許柑橘果香與花香。至於讓人不舒服的氣味則可能是酸腐味、霉味、木頭味或麻袋味。

右上與左上是兩杯過度萃取的義式濃縮咖啡；右下：萃取不足的義式濃縮咖啡；左下：完美的義式濃縮咖啡。

義式濃縮咖啡的泡沫如果顏色偏淡，代表萃取不足，味道會偏酸而平淡。這是因為溫度及／或壓力過低，或萃取時間太短，有時是因為咖啡粉的分量不足或研磨顆粒過粗，導致熱水流經咖啡粉的速度過快。

如果泡沫顏色偏深且中間帶有白斑，則是典型的過度萃取咖啡，這種咖啡的咖啡因含量較高且味道苦澀。原因可能在於溫度及／或壓力過高，或萃取時間太長，也可能因為咖啡粉過多或研磨顆粒過細而阻礙了熱水的流動。

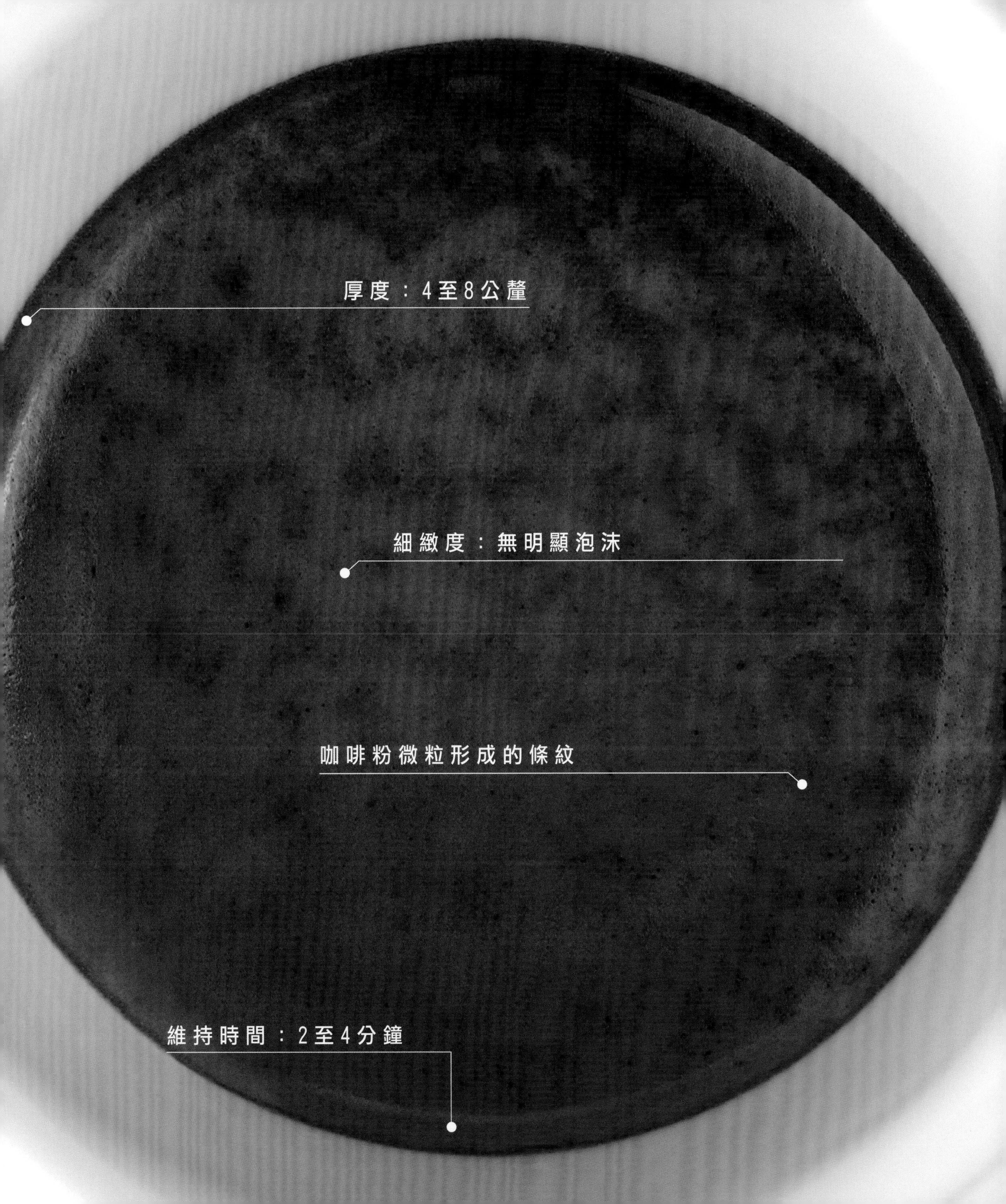

厚度：4至8公釐

細緻度：無明顯泡沫

咖啡粉微粒形成的條紋

維持時間：2至4分鐘

品嚐義式濃縮咖啡

接下來便是實際品嚐咖啡。

首先，請注意咖啡的熱度。如果義式濃縮咖啡太燙，對品嚐的人而言可能是痛苦大於快樂。

另一方面，咖啡必須立即享用，如果放涼了香氣就會揮發，也會失去飽滿與平衡的滋味。

專業人士會使用品咖啡匙（goûte café），這種湯匙的匙面與匙柄呈直角，以利品嚐師能以正確的比例與固定的速率喝下泡沫與咖啡。如果沒有品咖啡匙，也可以用中型湯匙。先用湯匙攪拌義式濃縮咖啡，再盛一點起來啜飲。

如果想提高自己當咖啡品嚐師的敏銳度，用湯匙喝咖啡時不要顧及端莊形象，而要大聲啜飲，讓咖啡隨著空氣一起吸進嘴裡，以產生大量的細微泡沫。這樣做可以製造噴霧的效果，將咖啡變成細緻噴霧注入口中，一方面能增加咖啡與空氣接觸的面積，另一方面也能提高軟顎，也就是口腔上方區隔口腔與鼻腔的肌肉纖維組織。藉由此法，你就可以在吞下咖啡前一口氣感受它的完整風味，包括口中滋味與鼻後香氣。

將咖啡吸進嘴裡後，先在口中停留數秒，讓味蕾有機會感受咖啡的甜度、酸度與苦味。

一杯好咖啡包含許多宜人的香氣，像是焦糖香（太妃糖或牛奶糖的香味）或麵包香（烤麵包的香氣）、花香（包括茉莉花與香橙花）、巧克力香（黑可可）及果香（例如杏桃、甜瓜和水蜜桃）。但如果咖啡豆的加工過程不良或植株生病，咖啡便可能帶有不好的氣味。這類氣味也必須加以留意，以便日後不幸喝到時能夠分辨。根據專家的分類，這些氣味包括木頭味（木屑的味道）、黃麻袋味（咖啡麻袋的味道）、發酵味（果實過熟）、

上圖：專業品嚐師所用的品咖啡匙，匙中的咖啡正等著品嚐師啜飲。

酸臭味（奶油臭酸味）、土味（森林裡濕泥土的味道）、霉味（潮濕地窖的味道）、穀倉味等等。

咖啡除了包含各種味道與氣味，本身也有一定的稠度，可透過觸覺來感受。為了理解這裡所說的「稠度」究竟是什麼意思，不妨比較清水和全脂牛奶。清水是清澈液體，而牛奶在口中的感覺則較濃稠，這就是稠度，咖啡也是如此。口中感覺到的濃稠度愈高，咖啡的稠度就愈高。由於香氣是包含在溶解於咖啡的油脂中，因此一杯香氣濃郁的咖啡，口感也特別濃稠滑順。

澀味一詞則是用於形容口腔乾燥、舌頭無法自在滑過上顎的感覺，通常在吃過未熟的水果或嚼過葡萄籽之後就會有這種感覺。這種口感是由丹寧酸造成，丹寧酸是一種植物性物質，會降低唾液的潤滑度。羅布斯塔咖啡豆或未完全成熟的阿拉比卡咖啡豆通常都含有這種物質。

正面香氣

麵包香

花香

焦糖香

巧克力香

果香

負面氣味

木頭味

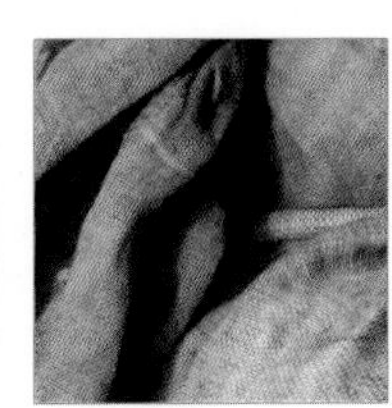
黃麻袋味

過熟水果味

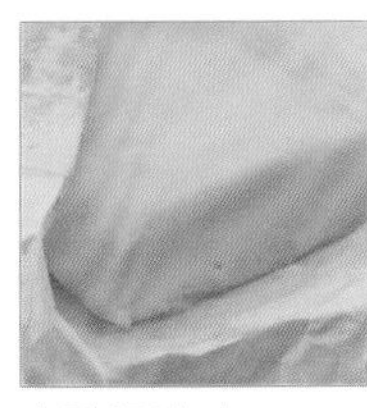
臭酸奶油味

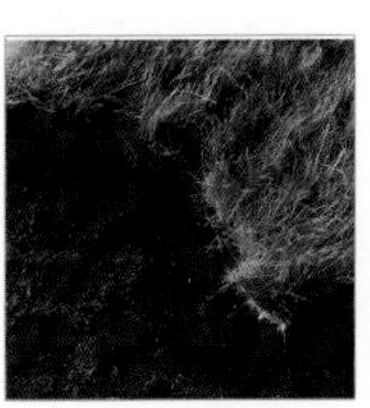
土味

霉味

穀倉味

澀味

未熟的柿子

生朝鮮薊

稠度

牛奶=稠度濃

清水=稠度稀

咖啡香

一杯義式濃縮咖啡應該符合以下條件，才能稱得上是好咖啡：泡沫必須細緻，色澤為淺棕色帶深褐色條紋（虎斑），酸度與苦味應達到絕佳平衡，散發多種宜人香氣，稠度實在，而且餘味香甜、餘韻無窮。

要找到滿足以上所有條件的咖啡並不容易，因為每一種咖啡都有自己獨有的特色，主要決定因素包括咖啡豆的品種（阿拉比卡或羅布斯塔）、種植地點及加工過程。

羅布斯塔咖啡的典型特徵是泡沫色澤深，有時帶灰色調，氣泡粗、稠度佳，苦味十分明顯，帶有木頭味或土味，而且喝得出澀味。

而在優質的阿拉比卡咖啡豆之中，衣索比亞產的綜合咖啡稠度飽滿、口感平衡，帶有花香、焦糖香及巧克力香且泡沫細緻。中美洲產的品種通常酸度清爽，帶有明顯的巧克力香及焦糖香。巴西產的咖啡稠度飽滿，帶有宜人的麵包香。如果想找特色更明顯、苦中帶甜、稠度飽滿、泡沫層厚的咖啡，最好找印度產的綜合咖啡豆。至於餘味帶有明顯酸味且散發濃郁果香，正是肯亞咖啡的特色。

每個地區產的咖啡各有特色，這其實並不是壞事，因為每個人都有自己的偏好。

以阿拉比卡咖啡豆沖煮而成的義式濃縮咖啡（左），以及混入羅布斯塔咖啡豆沖煮而成的義式濃縮咖啡（右）。

衣索比亞	稠度飽滿、口感平衡，帶有明顯的花香、焦糖香及巧克力香，泡沫細緻
中美洲	酸度清爽，帶有明顯的巧克力香及焦糖香
巴西	稠度飽滿，帶有宜人的麵包香及巧克力香
印度	口感濃烈，苦中帶甜，稠度飽滿，泡沫層厚
肯亞	餘味帶有明顯的酸味且散發濃郁果香

製作頂級綜合咖啡豆的祕訣，就在於找出精選咖啡豆的正確混合比例，讓每一種咖啡豆都能為整體風味貢獻自己的特色，卻又不至於壓抑彼此的特色。人類的嗅覺足以分辨每個氣味分子傳達的訊息，以及所有分子綜合起來所提供的融合香氣，不會只聞到簡單的總合氣味。

咖啡品嚐卡

專業的咖啡品嚐師每天必須試喝上百種咖啡，而且要能精確辨別、分類和評價每種咖啡的特色並填寫評分卡，卡片上已註明咖啡各種明顯的正、負面特色。

品嚐師可以藉助品咖啡匙及咖啡品嚐卡等工具，品嚐卡已詳列各項細節，讓品嚐師有機會評估一杯咖啡的所有特點。

但品嚐師主要使用的工具仍是大腦，他們必須在咖啡入口後的幾秒鐘內藉由大腦來辨別、解讀和量化所有的感覺。如前文所述，品咖啡時必須全神貫注運用各種感官：以視覺評估泡沫，以觸覺判斷稠度與澀度，以味覺分辨甜味、酸味與苦味，以嗅覺辨別咖啡香氣。

下一頁提供了簡化版的咖啡品嚐卡，便於讀者以白紙黑字記錄自己的觀點。可以運用這張卡片比較不同品種的咖啡；例如，比較阿拉比卡綜合咖啡豆與羅布斯塔咖啡。也可以用這張卡和朋友一起舉辦一場品咖啡大會，趁機觀摩大家的筆記，比較每個人的意見有何不同。

當然，這張卡並不限於評估單一種類的咖啡：也適用於評價以各種方式沖煮的咖啡，包括摩卡壺咖啡、義式濃縮咖啡、滴濾式咖啡等等。不過對泡沫的分析顯然只適用於評估義式濃縮咖啡。

建議讀者可依照卡片上所列的順序，以合理的次序循序漸進，從檢視咖啡的外觀到味道、口感，最後再辨別咖啡呈現的香氣。

如果有機會，不妨用這張卡比較同一種咖啡豆以兩種不同方式沖煮的結果（例如摩卡

壺與滴濾式）。相信不難發現稠度、苦味、酸度等特點的差異。相反的，也可以比較兩種咖啡豆以同一種方式沖泡的結果，專心記下自己注意到的差別。你將會發覺，遵照品嚐卡的順序進行確實大有幫助。

上圖：咖啡生豆、烘焙豆及咖啡粉；以有刻度的燒杯檢查義式濃縮咖啡的分量；以浸泡法沖煮的咖啡（左）；義式濃縮咖啡（右）；中間是品咖啡匙；桌上擺了一張咖啡品嚐卡，準備在品嚐完咖啡後評分用。

咖啡品嚐卡

沖煮方式……………………………………

綜合咖啡豆品種……………………………………

視覺	限義式濃縮咖啡	萃取不足	完整	過度萃取
	泡沫外觀	☐	☐	☐
味覺		不足	平衡	過度
	酸度	☐	☐	☐
	苦味	☐	☐	☐
	甜度	☐	☐	☐
觸覺		不足	平衡	過度
	稠度	☐	☐	☐
		存在		
	澀度	☐		
嗅覺	正面氣味		存在	
	焦糖香		☐	
	巧克力香		☐	
	麵包香		☐	
	花香／果香		☐	
	蜂蜜香		☐	
	負面氣味	存在		
	木頭味	☐		
	霉味	☐		
	焦橡膠味	☐		
	發酵味	☐		
	酸臭味	☐		
總分		正面分數總分 ☐		負面分數總分 ☐

品飲咖啡的學問

全球十種咖啡

以「入境隨俗」這句成語形容咖啡，真是再適合不過了。在義大利的咖啡廳吧檯邊等待服務時，很少聽到一模一樣的點餐內容。因此想像一下，如果換個國家會是什麼情形：不同文化勢必會造就不同的味道、香氣和體驗。

自咖啡問世以來，人們一直以各種不同的方式飲用咖啡，這些方法後來又傳到世界各地，展現出不同的特性。咖啡已根植於我們的生活中：不僅是一種飲料，也產生深遠的影響帶動了貨運與船運公司、咖啡農和通曉咖啡的品嚐師興起，也成為日常生活習慣及集體認同。沖煮咖啡已有一套完整的儀式可循，而這套儀式又隨著地方文化的不同而有差異，對義大利人來說，喝咖啡幾乎已具有神聖的地位。

美國是咖啡的最大消費國，在全球的市佔率達 16%，其次是咖啡的主要產國巴西，市佔率約 14%（資料來源：國際咖啡組織，2012 年 6 月）。

但最高人均消費量紀錄（平均一天五杯）卻意外地出現在北歐。芬蘭、丹麥、瑞典與盧森堡等國不僅咖啡消費量大，也十分注重咖啡的品種與產地，這些地區較偏好以慢條斯理的方式沖煮輕度烘焙咖啡。南歐國家則不一樣，這些地區的人民主要是在歡慶的場合喝咖啡，而且通常在餐後飲用，中歐與北歐人則大多是在居家場合，於上午 10 點左右或下午喝咖啡。他們會將餐桌擺設好，以三明治、蛋糕和糕餅等輕食配咖啡。

全世界各地的年輕人愈來愈喜歡喝義式濃縮咖啡，他們會在酒吧裡喝，或在義大利餐館飲用，當成對當地民族文化的體驗。

或許讓許多人大吃一驚的是，義大利雖然是義式濃縮咖啡的發源地，而且每個街角都有酒吧，但人均咖啡消費量卻大約只排名全球第十，而這個國家同時又是烘焙咖啡豆的主要輸出國之一。

接著就一起來看看全球各地飲用咖啡的地點、方式和時間吧。

伊斯坦堡

從鄂圖曼土耳其帝國到現代，咖啡在土耳其的生活與文化中始終占有舉足輕重的地位。幾世紀以來，喝咖啡及沖煮咖啡的相關儀式也是社會關係中不可或缺的一環，不但與待客的觀念密不可分，甚至在宗教與政治圈也具有一席之地。

咖啡在 6 世紀中期傳入伊斯坦堡，主要應歸功於敍利亞商人，這種飲料很快便有「棋士與思想家的牛奶」之稱。

在接下來的一個世紀，雄偉的鄂圖曼宮廷舉行高雅典禮以慶祝婚約和紀念日時，都會準備及供應咖啡。「咖啡沖泡師」（kahveci usta）需要好幾名助手協助，才能依規定以華麗和表演的手法替蘇丹沖泡咖啡。而年輕女眷則接受特別訓練，學習沖煮咖啡的技巧，再將這種黑色飲料端給丈夫，由他們根據咖啡的風味來評斷她們的價值。

時至今日，咖啡在土耳其的社會與政治圈依舊十分重要。伊斯坦堡有許多宜人的咖啡館與餐廳可供親朋好友歡聚一堂，一面喝著熱騰騰的咖啡，一面討論當天的新聞。雖然古代盛大的典禮幾乎已被人遺忘，但有兩個習俗依舊流傳至今：未婚妻必須泡咖啡給未來的夫家喝（也趁機向夫家示好，以避免將來婚姻不幸福！）另外就是用咖啡渣算命，以察覺朋友、甚至是敵人的祕密和惡行。

至於未來的命運如何？正如土耳其人所言：「一起喝杯咖啡就能確保友誼長存40年。」而其他的事情就再說吧。

右頁：在土耳其大家也會去咖啡廳抽菸、打牌。

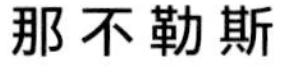

那不勒斯

第一家咖啡館在 1645 年於威尼斯開張。從那時起，咖啡的香氣便開始傳遍整座義大利半島。但那不勒斯才是最能掌握咖啡特色的城市，也是全世界最喜歡咖啡的城市。這裡有艾杜亞多·狄·菲利浦（Eduardo De Filippo）的劇院、皮諾·達尼爾（Pino Daniele）的歌曲和街頭頑童。這座城市有上千種面貌與色彩，與咖啡的淵源也十分深厚。

一般家庭都以名為 cuccumella 的那不勒斯式咖啡壺煮咖啡，這種咖啡壺分為上下兩個金屬部分，上層有壺嘴，兩層之間有一個圓筒，用來盛裝咖啡粉的過濾籃就附在圓筒中。使用這種壺需要高超的技巧：首先，將沒有壺嘴的部分裝滿水，把上層疊上後將水煮滾。待水滾後將爐火關閉，再把整個咖啡壺翻轉過來（也就是那不勒斯人所說的 a' capo sott）。大約 3 分鐘後就能將咖啡倒入杯中。

至於上咖啡館對當地人而言簡直就像進聖殿（咖啡館的分布密度為每 450 位居民一家）。這裡一杯義式濃縮咖啡的分量約 20 毫升：是以壓桿式濃縮咖啡機做出的真正濃縮咖啡，待濃縮咖啡注入杯中時再加糖。

維也納

維也納的咖啡館聞名全球，據說喝咖啡是奧地利人最愛的室內運動。在這種環境喝咖啡的風氣始於 1683 年，當時土耳其人戰敗潰逃，不得不放棄征服歐洲的夢想。他們在撤退途中留下了大量裝有奇怪深色豆子的麻袋，維也納人根本不知道該如何處理這些東西。

上圖：以 cuccumella 咖啡壺煮出的經典那不勒斯咖啡。

右頁：在維也納的沙河飯店（Hotel Sacher）享用一塊出了名美味的蛋糕，配上卡布奇諾咖啡。

這個謎團後來由一名深諳土耳其語及東方習俗的波蘭籍士兵喬治．柯奇斯基（George Kolschitzky）解開。他解釋土耳其人會將這些豆子磨成粉，用來沖泡一種黑色的芳香飲料，一天喝上好幾杯。維也納人聽到這個消息後欣喜不已，便將位於聖史蒂芬大教堂後方的房舍贈予柯奇斯基，後來他將這個地方變成第一間咖啡館。

其他歐洲城市也對這種新飲料著迷，但咖啡在維也納的社交生活中尤其重要。當地咖啡館林立，可以滿足各階層的需求，人們去咖啡館不僅可以手握一杯熱咖啡取暖，也可以在舒適的環境裡看報紙，聊聊當天發生的事情和政治情勢發展。

這便是「打發時間」的由來，這門藝術已成為維也納自然生活節奏的一部分，是最不受現代瘋狂生活步調打擾的一段時間。如今咖啡館的老主顧仍追隨祖先的腳步，信守維也納人的一句老話：「上帝賜我們時間，但沒叫我們趕時間。」因此這些著名的維也納咖啡館仍繼續為這座城市增添特殊的魅力。

至於咖啡本身，據說一杯好咖啡應該「如黑夜般漆黑，如愛情般甜美，如地獄般滾燙」，正是阿拉伯人喜愛的口味。從古至今，維也納人已發明了大約50種沖泡與享用咖啡的方法，但無論如何一定會配上一塊蛋糕和一份報紙。

以下簡單列出維也納最著名的咖啡：

MELANGE	咖啡加奶泡
KLEINER BRAUNER	小杯咖啡加牛奶
GROSSER BRAUNER	大杯咖啡加牛奶
VERLÄNGESTER	淡咖啡，類似美式咖啡
ESPRESSO	濃縮類的咖啡
EINSPÄNNER	摩卡壺咖啡加鮮奶油，以玻璃酒杯盛裝
FIAKER	咖啡中加入少許白蘭地，以小玻璃酒杯或玻璃咖啡杯盛裝

漢堡

在德國，咖啡總是與幸福、愉快、輕鬆、歡樂的場合有關，因此大家也常在餐後喝咖啡。典型的德國早晨是以一杯熱騰騰的咖啡和一頓豐盛的早餐為開端。

接下來一整天，不論是工作或休閒時間，都仍會繼續大量喝咖啡。人們會約在咖啡館見面，在店裡吃塊蛋糕配咖啡，或約在站立咖啡館（Stehkaffee），這種小店沒有設桌椅，只有一個櫃台讓人站著點咖啡。

當地傳統上採用滴濾法沖煮咖啡，不過最近濃縮咖啡也大舉入侵，而牛奶則是逐漸取代了無所不在的奶油。這個趨勢讓優質咖啡在經過精心準備後所散發的真正香氣，重新為人發覺。

在德國人重新發覺這個午後習慣的樂趣後，也出現了一種奇特的現象，就是邀請朋友在下午 5 點左右到家中聚會的咖啡會（Kaffeeklatsch）。不知這是否會成為下午茶會的新形式？

阿姆斯特丹

整體而言，荷蘭人大多是在上午 10 點左右與朋友一起喝咖啡。而在此所指的咖啡通常是滴濾式咖啡，不過也有愈來愈多人家裡有濃縮咖啡機。沖煮滴濾式咖啡時，會先用滴濾式咖啡壺將水加熱，直到水溫夠高才將熱水倒入裝著咖啡粉的濾杯中。至於能夠沖煮的杯數則取決於選用的咖啡壺類型。

荷蘭人在準備、沖煮與端上咖啡時都極為用心。咖啡牛奶（Koffie verkeed）是典型的荷蘭咖啡，以大馬克杯盛裝咖啡再加入牛奶，而且通常會配上蛋糕或糕餅，例如傳統的蘋果塔。

在愉快的環境裡喝咖啡是社交活動的一環，十分受到荷蘭人重視。當地人將濃縮咖啡視為理想的餐後飲料，而家裡擺一臺濃縮咖啡機加上所有配件，幾乎已變成一種身分地位的象徵。

奧斯陸與斯德哥爾摩

挪威人喝的咖啡是公認最合適的喝法：不加牛奶或糖的黑咖啡。除了以傳統方式用金屬壺煮的咖啡外，滴濾式咖啡也逐漸流行。這裡也和其他許多國家一樣，有愈來愈多人在咖啡館及酒吧裡喝咖啡，這些地方會引進當地人較不熟悉的咖啡種類，像是濃縮咖啡和卡布奇諾咖啡。

咖啡史上的一樁奇聞便是發生在這個地區——18 世紀的瑞典。隨著擁茶派與擁咖啡派兩個針鋒相對的派系陣容逐漸擴大，雙方的情緒也愈來愈激昂。鑒於衝突逐漸白熱化，國王古斯塔夫二世（King Gustav II）於是決定進行一項實驗，打算一勞永逸證明哪一種飲料比較好。據說皇家地牢裡拘禁了一對雙胞胎，國王下令讓其中一位終生喝茶，另一位則只喝咖啡。有趣的是，參與這項實驗的所有人，包括國王、醫生及助手，都比這對雙胞胎還早辭世。順帶一提，這對雙胞胎中被迫喝茶的那一位先走，享年約 83 歲。他的兄弟則活到百歲，因此咖啡獲得了全然象徵性的勝利。

左頁：在丹麥的某些咖啡店裡可以購買烘焙咖啡豆，並要求店家當場以大型研磨機磨成咖啡粉；這些機器看起來彷彿來自中東。

右圖：沖煮滴濾式咖啡。滾水通過裝在濾紙中的咖啡粉。

巴黎

巴黎，永遠的愛：這座城市確實充滿愛意，而對咖啡的愛則萌生於早餐時刻。滴濾式咖啡是搭配牛角麵包或棍子麵包等法式早餐的最佳良伴。午餐後飲用的則是喝一杯不加牛奶的咖啡。接著還有烘焙咖啡，各種不同強度與刺激度的綜合咖啡豆，讓人看得眼花撩亂，就像磁鐵一樣吸引著咖啡愛好者。從 17 至 19 世紀，凡是稱得上知識分子的人都會直接到當時正流行的巴黎咖啡館。例如，伏爾泰似乎就對咖啡加巧克力情有獨鍾，而奧諾雷·德·巴爾札克（Honoré de Balzac）則在1938年發表的〈現代興奮劑專論〉（Treatise on Modern Stimulants）中表示，咖啡能活化大腦、激發創意與傑出思想。濃縮咖啡在酒吧與餐館裡十分常見，在北部尤其受歡迎，這個地區遠比義大利更早接納濃縮咖啡。

倫敦

有一件事毋庸置疑：英國人的咖啡消費量極低，而他們之所以喝咖啡，不過是為了讓自己更清醒、更有精神。咖啡愛好者為了確保自己能喝到好咖啡，通常會以保溫杯自備咖啡上班。週末的空閒時間較多，因此可以嘗試有點不同的東西，他們會從餐櫃裡拿出小咖啡杯，但並不是為了啜飲咖啡和沉思，這些小咖啡杯是象徵英國人活潑、自在、步調緊湊的生活。總之，雖然英國的咖啡消費量有增加的趨勢，但茶仍是他們的國民飲料。

紐約

我們在美國電視影集裡都看過，早上的第一杯咖啡一定是經典滴濾式咖啡。此外也有人用滲濾式咖啡壺煮咖啡，用馬克杯盛著喝，或許還配上一個馬芬蛋糕。商務人士則常緊握著一大杯紙杯裝的早晨熱咖啡，在街上一面閃避車子一面往前走。在紐約及美國多數地方，喝咖啡反映的是美國人的性格：那就是什麼都可以；在這裡可以嘗試莊園單品咖啡、有機咖啡和體驗特殊的香氣。美國人其實沒有餐後喝咖啡的習慣，不過在週末喝餐後咖啡的情況當然比較常見。

東京

古代的東方哲學家十分重視冷靜與思考，但如今東京人卻漠視這些古代人的教誨而過著馬不停蹄的生活，絲毫不給自己留一點時間。這一切都反映在咖啡上，東京人喝的通常是即溶咖啡。在日本文化裡，咖啡大多被視為是提神飲料。在酒吧或無所不在的販賣機都能買到罐裝或小塑膠瓶包裝的各種冰咖啡。日本是全世界罐裝咖啡的最大消費國之一。直到 2000 年前後才有歐式餐廳及連鎖咖啡廳興起。

右頁：特調冰咖啡，上頭灑了可可粉。

機會造就咖啡

喝咖啡如今已成為日常活動，也無疑是生活中的一種小幸福——在早上起床、吃早餐、上午的工作結束時或吃了一頓大餐之後，永遠都有胃口喝杯咖啡！

當然，只有極少數人了解喝咖啡或端咖啡其實牽涉到許多小規則和慣例，這些都已成為「咖啡禮儀」的一部分，也是古代儀式的一部分，每個動作都很重要，必須確實遵守。

如今這些規定雖然放寬，但知道平常喝的咖啡應該如何端上與飲用，還是能讓人眼界大開。

如果是招待賓客，絕不能讓客人在廚房喝咖啡，而應該將咖啡端至小茶几，再搭配一塊蛋糕或一些糕餅。

如果想表現得氣派一點，則應該使用全套瓷器，以高雅的托盤端出咖啡杯、咖啡碟和一只小盤子。

務必詢問在場賓客咖啡是否要加糖及加多少糖，當然也不得對賓客的口味發表任何意見。

咖啡加糖之後請由上而下輕輕攪拌。以右手端咖啡杯，左手拿咖啡碟。

至於咖啡的正確分量，根據咖啡禮儀，應該將預熱過的咖啡杯裝至七分滿。

湯匙的選擇也很重要。請務必使用咖啡匙，而非大一號的茶匙。

下文將提供一些訣竅，說明如何以各種最常見的方法沖煮出完美的咖啡，讓賓主盡歡。

土耳其咖啡

要煮出完美的土耳其咖啡，必須使用顆粒極細的咖啡粉。傳統的研磨機是黃銅材質，可以磨出細如糖粉、幾近粉末狀的極細咖啡粉。現在你當然也可以使用電動研磨機。

煮土耳其咖啡必須使用土耳其咖啡壺（cezve），這是一種特殊的圓錐狀長柄壺，壺身下寬上窄，以銅或黃銅鑄成。

以下是煮土耳其咖啡的幾個步驟：

1. 將水注入土耳其咖啡壺（一杯咖啡約 50 毫升）。
2. 依個人口味加糖並攪拌至溶解。許多國家會在土耳其咖啡中加入豆蔻、肉桂等香料調味。如果想嘗鮮，不妨加入磨細的香料試試。
3. 將水煮滾，接著讓土耳其咖啡壺離火，依每人一匙的分量加入咖啡粉，再額外加一匙「留壺裡」。
4. 咖啡應該煮滾兩次，注意每次煮滾後都要讓土耳其咖啡壺離火，並去除表面形成的泡沫及充分攪拌。
5. 在倒咖啡之前先加一匙冷水，以確保咖啡粉全數沉至壺底，不需過濾即可直接倒入杯中。

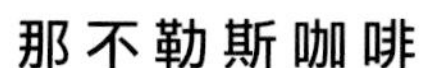

那不勒斯咖啡

那不勒斯咖啡在低稠度與飽滿風味之間達到一種微妙的平衡。

以下是使用那不勒斯咖啡壺的步驟：

1. 以每杯 5 至 6 公克咖啡粉的分量，將中度研磨的咖啡粉加入滲濾式咖啡壺中間的濾槽中。
2. 將水注入咖啡壺底部。
3. 蓋上壺蓋將水煮滾。
4. 水滾了之後，關火將咖啡壺上下翻轉，讓熱水通過濾槽流入已經加熱但空無一物的壺底。
5. 以清水及柔性洗潔精沖洗咖啡壺，徹底晾乾

摩卡壺咖啡

摩卡壺因使用便利且能煮出稠度飽滿、香氣濃郁的咖啡，因此在 1930 年代於歐洲各地普及。經典摩卡壺為明顯的沙漏狀設計，但市面上也有其他許多類型與形狀。不論是何種設計，所有摩卡壺的運作原理都相同：蒸氣在底部累積，最後壓力（大約 1 個大氣壓）迫使熱水流過濾槽中的咖啡粉。

以下是煮出完美摩卡壺咖啡的步驟。

1. 將下壺裝滿冷水到聚壓閥的高度，有時會標示在壺內。水量必須正確才能煮出稠度適當的咖啡（不濃不淡），並避免聚壓閥出現鈣沉積。
2. 將咖啡粉放入濾槽中鋪平，必要時可以輕拍，但勿用力緊壓以免造成「土丘」。必須讓熱水能均勻夠流過整塊咖啡粉。
3. 務必將濾槽和橡皮墊圈放好。將摩卡壺的這兩個零件緊鎖在一起。
4. 將摩卡壺放在小火上加熱。咖啡會開始注入上壺。在摩卡壺發出咕嚕聲之前關火。最複雜的香氣

大約在水溫 60 度左右釋出，也就是咖啡最初進入上壺的溫度。如果等到發出咕嚕聲才關火就會煮焦最後流出的咖啡，恐怕會導致整杯咖啡變苦。

5. 摩卡壺每次用畢都必須以清水沖洗，必要時可加入幾滴溫和的洗潔精，必須徹底風乾以免累積鈣沉積。

滴濾式咖啡

只要使用合適的器具，就能沖泡出風味飽滿、香氣四溢的滴濾式咖啡。首先必須將咖啡豆研磨成粗細一致的顆粒，如果咖啡粉磨得不夠細，咖啡的味道就會太淡，如果顆粒太細，就會導致咖啡變苦。以滴濾式咖啡而言，中度研磨的咖啡粉最適合。

滴濾式咖啡的最佳沖泡步驟如下。

1. 首先，將玻璃瓶裝滿熱水加溫幾分鐘。
2. 加入咖啡粉，一大匙（7 至 8 公克）咖啡粉，可煮出每杯 100 至 150 毫升的咖啡兩杯。可隨時根據個人口味調整分量。
3. 將適量水煮滾後倒在咖啡粉上。可用保溫瓶維持咖啡的熱度與風味，最好在 2 小時內飲用完畢。請勿以玻璃壺直接加熱，以免咖啡煮沸燒焦，口感變苦。
4. 請定期清洗器具，最好每週清洗一次，以去除咖啡殘渣及鈣沉積物，避免咖啡的口感遭到破壞。
5. 市面上可以買到清洗這些器具的特殊清潔用品，讓器具保持在最佳狀態

濾壓式咖啡

壓濾式咖啡是以圓筒形咖啡壺沖泡，只要將壺上的活塞裝置向下壓入熱水與咖啡粉的混合液，便可將咖啡與粉末分離。要沖煮出完美的濾壓式咖啡——也就是懸浮微粒最少的咖啡，祕訣就在於將咖啡豆研磨成質地均勻一致的咖啡粉，顆粒必須細得足以產生飽滿、濃郁、香氣十足的風味，又不至於無法與水分離。若咖啡混濁，就表示咖啡粉磨得太細。此外，如果咖啡粉太細，也可能塞住濾網，導致活塞難以下壓至咖啡壺底部。

濾壓式咖啡的沖泡步驟如下。

1. 將咖啡壺置於乾燥平坦防滑的平面上，緊握把手將活塞卸下。
2. 每 200 毫升水加入滿滿一匙咖啡粉（7 至 8 公克）。
3. 將熱水（非滾水）注入壺中。
4. 將活塞裝回，以均勻力道緩緩下壓，如此可沖泡出風味較佳的咖啡且避免噴濺。
5. 每次使用完畢後均須以清水和一點溫和洗潔精清洗咖啡壺，並徹底風乾。

義式濃縮咖啡

義式濃縮咖啡或許是最經典的咖啡，由於它包含了各種成分（酸、蛋白質、糖分），因此具有液體的所有特色。但濃縮咖啡也是一種乳液，因為其中包含了油脂，可以散發出香氣並賦予咖啡稠度。在萃取時（也就是沖煮的過程中），咖啡受到壓力影響會吸收一小部分的油脂（約 0.1%），因此產生黏稠度，讓咖啡產生宜人的餘味，即使喝完許久後依舊齒頰留香。除此之外，義式濃縮咖啡也是一種懸浮液，表面漂浮著咖啡粉微粒與微小氣泡。

要沖煮出完美的義式濃縮咖啡並不簡單，尤其是從技術層面而言。想在自家享用一杯完美的義式濃縮咖啡，必須使用單人分咖啡膠囊。研發這種系統的目的，在於確保每個人不論沖煮咖啡的經驗多寡，都能泡出品質一致的好咖啡。

單人分咖啡膠囊就是烘培好、研磨好、填裝好的單劑量咖啡粉，只要搭配合適的咖啡機，便能確實遵守完美濃縮咖啡的各項沖煮原則，包括咖啡粉適量（7 公克）、咖啡機壓力適當（介於 15 至 18 個大氣壓）、水溫（介於 90 至 93 度）及咖啡溫度（介於 78 至 82 度）恰當。

咖啡膠囊可能以特殊紙張（咖啡包）或其他材質製成。

檯面型濃縮咖啡機加上單人分咖啡膠囊或咖啡包便是一套完整的系統。這些系統可分為「開放式」或「封閉式」。開放系統是指同一種咖啡包可適用於不同類型與品牌的咖啡機。而封閉系統則是指特定機型的濃縮咖啡機，有針對該機型特別設計的專用咖啡包。

這些咖啡機使用上十分便利。只須將咖啡膠囊或咖啡包放入濾槽，再將機器電源開啟即可。萃取時間為 30 秒，產生的分量正好是一杯（25 至 30 毫升）。為了品嚐到咖啡的最佳風味，建議先暖杯，以免咖啡太快冷卻。如果咖啡機沒有暖杯功能，可以自行用滾水暖杯，必要時可在機器開始沖煮咖啡前從機器裡取熱水。

第二部

咖啡豆的世界

咖啡產地

咖啡雖然生長於熱帶國家，卻可以栽種在許多不同的地區與多種氣候環境裡。會影響咖啡樹的生長的因素有很多，例如緯度、海拔、溫度、雨量、日照、土壤性質，當然也包括栽種方式。瓜地馬拉的咖啡樹種植於火山山坡上，而巴西的咖啡則是種植在遼闊的紅土平原中，葉門的咖啡樹沿著山麓狹窄的梯田而種，衣索比亞的咖啡樹則是分散在茂密的森林裡。更往西邊，喀麥隆的咖啡樹悠然生長於潮濕的山谷裡，而在東方，咖啡樹則是已經適應了印度山脈的季風氣候。

全球各地的咖啡栽種方式差異極大，甚至在一國之內都有數種栽種方法並存，農民會根據土壤的特性或地勢形態選擇合適的栽種法。

全球約有 60 個國家種植咖啡，多數咖啡園為小型地主持有。中、大型咖啡園則分布於哥倫比亞、印度、瓜地馬拉、印尼、越南、肯亞及象牙海岸。咖啡的供給來源差異極大：有小農地或極小農地（有時候甚至不到 1 公頃）的農民將作物賣給當地出口商（通常有合作社當中間人），也有大地主實施產業化經營。至於巴西占地數千公頃的咖啡園則是特例，這種規模已非其他咖啡生產商所能望其項背。

除了以農地的面積大小區分外（栽種的經濟取向也因耕作面積而異），第二個區分因素是：耕地有遮蔭還是完全接受日曬、位於山坡還是山林裡、咖啡樹種植於平原還是梯田。

有遮蔭的咖啡園通常也種植咖啡樹以外的作物（香料、香蕉、水果等），不但能改善農地的氣候，緩和風吹與氣溫驟變的影響，也有助於減少土壤侵蝕。採用這種栽種方式

左頁：在衣索比亞的耶加雪夫（Yirga Cheffe）地區，農民將咖啡鋪在蓆子上，放在小農舍的院子裡曬乾。

上圖：巴西米納斯吉拉斯高原上大型咖啡園的空照圖。

右頁上圖：在瓜地馬拉，咖啡樹有時會種植在極陡峭的山坡上，例如火山山坡。下圖：相較之下，巴西的咖啡園則位於平原，一排排的咖啡樹整齊種植。

的通常是小地主，但這樣顯然會降低每公頃農地的獲利。

大地主採用的是完全接受日照的種植法，他們積極地將各個種植階段盡可能機械化。集約耕作農地的土壤灌溉量較大，會導致養分逐漸流失，因此農民必須以工業化肥料施肥。不過，這些額外的開銷確實可提高產量，並確保每公頃土地的獲利提高。

非洲地區對咖啡的經濟依賴尤其明顯，咖啡占當地總出口量的比重往往超過六成。這種以咖啡為主的經濟結構在非洲十分常見（例如衣索比亞及肯亞），但也存在於中美洲（例如哥倫比亞），不過巴西的情況卻正好相反，當地過去數年來一直努力降低對咖啡這種經濟作物的依賴。在 1970 年代後期，咖啡占巴西出口量的比重為 20%。由於該國出口市場的產品多樣性提升，再加上工業發展加速，咖啡的出口比例已降至 3 至 4% 左右。即便如此，巴西依舊是全世界最大的咖啡產國，也是阿拉比卡咖啡的最大產地；產量占全球的三分之一以上：咖啡農地的面積為 220 萬公頃，受雇的咖啡工人達 500 萬人，咖啡生產商有 30 萬家，每年生產 4300 萬麻袋的咖啡（其中 3200 至 3300 萬麻袋是阿拉比卡咖啡，1000 至 1100 萬麻袋為羅布斯塔咖啡）。哥倫比亞是排名第二的阿拉比卡咖啡產國，產量占全球的 6%，幾乎達到每年 800 萬麻袋。

雖然有這些差異，但有一點卻始終不變：某個國家、甚至某個地區種植的咖啡，一定具有與眾不同的特色，有別於其他地區出產的咖啡。就這點而言咖啡就像葡萄酒一樣，只不過對咖啡而言，氣候、地形、土壤等「風土」因素的影響更為顯著。

一般而言，阿拉比卡咖啡的香氣較明顯、口感細緻而滑順。羅布斯塔咖啡的苦味則較重，也帶有木頭味。

例如，瓜地馬拉產的阿拉比卡咖啡豆僅占全球總產量的 3% 左右，但品質絕佳，可以沖泡出極為香甜、酸度適中、口感濃醇、帶有花香且隱含巧克力味的咖啡。這種咖啡豆很適合用來為濃縮咖啡的綜合咖啡豆增添特色，也是滴濾式咖啡常用的咖啡豆。

非洲國家的阿拉比卡咖啡豆產量雖然有限，但品質絕佳。肯亞的氣候穩定而溫和，可生產帶有酸味、香氣的咖啡，適合用於沖泡滴濾式咖啡，而衣索比亞產的則是最受歡迎

的阿拉比卡咖啡豆之一，味道帶有明顯的花香和焦糖香。

印度咖啡最明顯的特色是稠度飽滿，帶有些許宜人苦味與香料味。

薩爾瓦多、哥斯大黎加、墨西哥、巴拿馬、宏都拉斯

南美洲	45 %
中美洲	14 %
非洲	13 %
亞洲與大洋洲	28 %

全球咖啡產量比重（資料來源：國際咖啡組織，2012 年 6 月）。

主要咖啡產國。巴西年產量約 4300 萬麻袋，居全球之冠。越南的羅布斯塔咖啡年產量達 2000 萬麻袋，為全球第一（資料來源：國際咖啡組織，2012 年 6 月）。

等地所產的咖啡則是味道甜，帶有些許清爽的酸味。味道甜與稠度薄，是所有中美洲咖啡所共同擁有的特色。

綜合咖啡豆通常以巴西產的咖啡豆奠定基本風味，再以哥倫比亞產的咖啡豆增添適當甜度。

亞洲及西非（象牙海岸與喀麥隆）主要生產的是羅布斯塔品種，主要產地

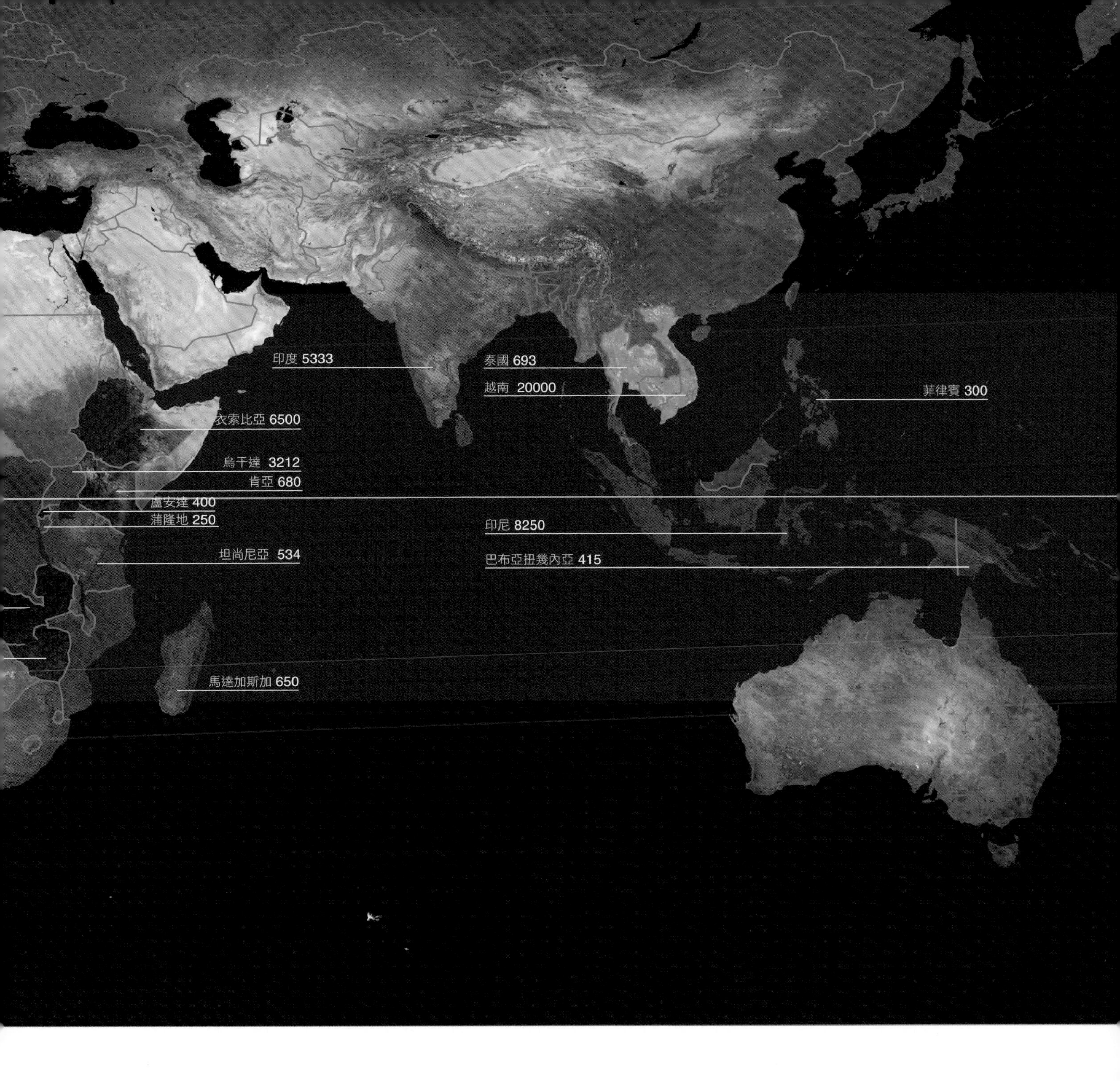

包括越南（年產量2000萬麻袋）與印尼（年產量逾800萬麻袋），而巴西的產量則為1000至1100萬麻袋。

衣索比亞

全名	衣索比亞聯邦民主共和國
首都	阿迪斯阿貝巴（居民297萬9086人）
官方語言	阿姆哈拉語（Amharic）和提格里尼亞語（Tigrinya）
政府型態	聯邦共和
獨立時間	1941年
國土面積	112萬7127平方公里
人口	8210萬1998人（2011年人口普查數據）
人口密度	每平方公里73人
咖啡產量	650萬包（60公斤裝麻袋）
國內生產毛額（GDP）	297億1700萬美元
貨幣	衣索比亞比爾

資料來源：*Calendario Atlante De Agostini*，2012年；國際咖啡組織，2012年6月。

左頁：衣索比亞尤亞（Yuya）地區咖啡森林高原的小型咖啡田空照圖。

下圖：替客人泡杯咖啡是衣索比亞的古老習俗，當地人至今仍依循古禮以緩慢步調沖泡咖啡。

衣索比亞：偉大的黑色母親

衣索比亞擁有令人嘆為觀止的美景，也是非洲第一個獲得獨立的國家。

全世界很少有國家能像衣索比亞一樣擁有這麼多傳說與迷人的事物。這個國家的面積相當於義大利、法國、瑞士、奧地利、比利時等國相加，涵蓋了非洲之角（非洲大陸最東角）的大多數區域，雖然位於紅海與印度洋之間，卻被厄利垂亞、肯亞、吉布地、索馬利亞和蘇丹等國包圍，因此沒有海岸線。該國境內有海拔 4000 多公尺、白雪覆頂的高山峻嶺，也有低於海平面的酷熱平原。

衣索比亞的景色非凡，有令人敬畏的峽谷、高聳的山峰、無底的深淵和崢嶸的岩石露頭。

其中較為特殊的高山景色便是名為安比（Ambe）的山脈，圓錐狀的群峰山頂平坦，彷彿被人用刀削平了一般。東非大裂谷從衣索比亞東北方一直延伸至莫三比克，沿途火山及湖泊星羅棋布。有人認為衣索比亞是人類的起源地，在阿瓦士河谷（Awash Valley）已發現一些人類祖先的化石，年代可追溯至300多萬年前。其中最著名的就是1974年發現的更新世靈長類動物露西，據說是人類最早的祖先。

衣索比亞也正好是咖啡的發源地。據說第一株咖啡就是在這裡被人發現；傳說中牧羊人柯迪的羊群有一晚在外閒晃，隔天早上這群羊嚼完某種植物甜美多汁的紅色果實後，回來時居然精神奕奕。衣索比亞充滿了尚未被人發掘的魅力，居民總是笑容滿面。在這個國家走一遭，就像是來一趟回到人類起源之旅。原本只能在歷史書上看到的人類演化階段，在這裡都能親身體驗。衣索比亞的時間彷彿靜止不動，人民過著無憂無慮的生活，雖然從經濟的角度來看，衣國人民的生活其實並不輕鬆。這個國家的往日繁榮有如過往雲煙，如今的衣索比亞已淪為全世界人均國內生產毛額最低的國家之一。

下圖：衣索比亞的兒童在路旁向人兜售當地商品；照片中的兒童兜售的是咖啡生豆與鳳梨。

右頁：衣索比亞人是四處流浪的民族；他們大多沿著國內主要幹道步行。

一到衣索比亞首先衝擊觀光客的，就是一大群人四處流浪的景象，這些人甚至連明確的目的地都沒有。有些人穿西裝打領帶，手裡拿著拐杖盛裝奔跑，在悶熱酷暑中沿著大馬路前行。衣索比亞人雖然知道其他人的生活水準更高，但他們的一大優點和特殊長處，就在於他們願意勉強度日。

首都阿迪斯阿貝巴彷彿完全陷入瘋狂。整座城市籠罩在一片難忍的烏煙瘴氣中，讓人覺得呼吸困難，放眼望去所有的色彩都顯得黯淡無光。汽車朝著似乎到不了的目的地急馳而去，留下陣陣黑煙。整個城市彷彿一座工地，不斷地興建、拆除和維修建築物——而且使用的都是最原始的技術，包括獨輪推車和滑車等。

驅車從市區進入鄉間，就像是在看一齣沒完沒了的「人間喜劇」。如果仔細觀察，可以看到各種人類行為。這裡只有一條漫長、灰色、陡峭、顛簸的道路，是中國人在1990年代末期所建。這條路也是這片紅土大地上唯一的道路，直接通往肯亞。順著這

工人在衣索比亞的咖啡園採收咖啡後，將一袋袋咖啡果實放在路旁，等著貨車將這些果實送至加工中心。

右頁：芬芳的白色咖啡花。

條漫長的水泥道路前進，沿途風景驟然改變，彷彿劃清了一道界線。市區逐漸遠離、鄉間逐漸接近，沿途所見的色彩、面容、甚至光線的亮度都跟著改變。隨著一切融入這個混沌、隨興卻似乎又神奇地持續運轉的環境中，所有的距離感與時間感都跟著消失。這是個美如童話的世界，景色之美能讓人感動得熱淚盈眶，但只要視線與當地人對上，便立刻打破這個魔咒。這裡沒有卡通人物般的村夫博取人同情或憐憫，只有真實的人邀請你加入他們的生活，尋求你的理解。

衣索比亞人只想過一天算一天、有工作、活得開心就好。他們也確實不論晴雨，勤奮不懈地工作，就算在布滿尖石的泥土路上打赤腳跋涉數公里，連眼睛都不眨一下。辛苦工作數小時賺得的微薄薪水，主要都花在小市集裡，用來購買新鮮肉品和各種塑膠製品，或許還有一杯飲料、衣服和中國進口的鞋子。衣索比亞人沒有儲蓄的習慣：許多家庭甚至無法度過工作機會較少的淡季，這時候田裡的工作較少，無法提供所有人就業機會。所幸有世界銀行及某些援助機構介入，提供應急基金。

人類與阿拉比卡咖啡的起源

衣索比亞的確是公認的阿拉比卡咖啡豆發源地，但令人難以置信的是，該國的咖啡生產居然只佔國內生產毛額的 2 至 3%。原因不難想見：衣國境內有 3500 萬公頃的土地適合種植咖啡，但實際開墾的面積卻不到 40 萬公頃（資料來源：聯合國世界糧農組織）。該國政府正努力降低國家對咖啡的經濟依賴，鼓勵農民種植其他產量更高且全年都能收成的作物。但這項政策需要時間才能看到成效，目前咖啡仍是該國最重要的作物。

阿拉比卡咖啡中的鐵比卡品種（Typica）源自於衣索比亞。1994 年衣索比亞政府委託德國一支團隊尋找可以真正稱為衣索比亞咖啡的特定原生品種，2002 年這支團隊終於達成使命，發現了名為藝妓（Geisha）的咖啡品種，這個名稱源自於阿迪斯阿貝巴西南方的一座森林。

據了解，衣索比亞全境都有種植咖啡，只有哈拉（Harrar）區、北部地區和阿迪斯阿貝巴東部地區除外，原因在於這些地區的土地過於乾燥。多數咖啡園都位於衣國南部的西達莫與耶加地區。這裡的環境條件適合咖啡生長，包括溫度介於攝氏 27 至 28 度，海拔介於 1200 至 1900 公尺，還有從 4 月一直持續到 10 月、長度適中的雨季。

衣索比亞東部的咖啡種植於海拔 1500 至 1800 公尺的地區。這裡的咖啡包括長豆哈拉（Longberry Harrar，大果實）、短豆哈拉（Shortberry Harrar，小果實）和摩卡哈拉（Mocha Harrar，通常包含公豆，也就是只有一粒種子而非兩粒種子的果實）。

衣索比亞咖啡著名的特色，在於其酸味、巧克力香

上圖：在衣索比亞的耶加雪夫地區，不易消化的咖啡種子經由鳥糞散播，得以自然發芽。

右頁：森林咖啡園；咖啡樹在高大樹木的遮蔭下成長、結果實。

和濃郁的果香餘韻，讓人不禁想起咖啡樹生長的鄉間。哈拉咖啡帶有明顯的甜味、稠度飽滿且酸味顯著。東衣索比亞也生產一種名為金比（Ghimbi）的水洗咖啡豆，這種咖啡豆的口感與哈拉咖啡類似，但又更為濃醇、平衡，稠度也更飽滿。

衣索比亞南部生產的水洗咖啡豆口感偏酸、香氣濃郁。這些咖啡豆或以種植地區為名（例如西達莫），或以衣索比亞精品豆（Ethiopian Fancies）或衣索比亞莊園咖啡（Ethiopian Estate Grown）等更響亮的名號為名。其中最著名的便是耶加雪夫咖啡豆，這種咖啡具有無與倫比的香氣和味道，稠度鮮明高雅、風味十分具有爆發力。

咖啡森林

即使在現代，在森林裡發現小嫩芽從無人照顧、環境不友善的土壤中冒出頭，還是讓人覺得感動。森林裡長滿了各式各樣的植物，包括停滿蝴蝶的翠綠灌木、咖啡樹以及其他植被，這些植物形成一道綠色簾幕，在光影的變化下，似乎有無數的樹木構成茂密的天篷。

衣索比亞的咖啡樹，幾近於自然生長的狀態。

該國的咖啡有 96% 是由小農栽種，許多農民的耕作面積還不到 1 公頃。農地通常是向國家租用，租期極長（30 至 50 年）。

其餘 4% 的咖啡則是由大型全國企業栽種。衣索比亞人種植咖啡時的播種方式，是在地面挖個洞直接放入種子讓植株生長（穴播法）。這是非常基本的耕作方法。當然農民

也會施行一些普通程序，例如施加有機肥料及定期修剪，好讓植株「茁壯」並刺激生長。

衣國咖啡農並未使用人工灌溉系統，至今仍以最原始的方法栽種咖啡。植株在天然環境中自然生長，可以輕鬆移植到其他地區，只需要極少數的人為介入。

耶加雪夫區的某個衣索比亞農家，將收成的作物帶到清洗站估價，準備出售。

揀選與加工

衣索比亞是全世界第五大咖啡產國，全國有近 5% 的人口、相當於 1200 萬人從事咖啡栽種與加工事業。

咖啡為該國的經濟作物：但栽種的目的並不是為了供給本國人，而是為了在市場上銷售。由於咖啡農必須先撐過一段收入微薄的時期才能捱到咖啡收成季，因此等到終於有咖啡可賣時，就表示再度有穩定的收入。

收成的咖啡傳統上只有一部分以果實的形態出售，其餘都會由咖啡農曬乾保存，當成非官方貨幣交換其他物品。但過去幾年來咖啡價格穩定上揚，如今咖啡農也不斷增加咖啡果實的出售量。

這種情況造成咖啡乾果的數量減少。但由於衣索比亞農民沒有儲蓄的習慣，再加上缺乏可以當「現金」交換物品的咖啡，代表他們的生活長期處於貧困，收成前數個月的生活尤其困苦。

作物採收的時間視各區域而定，但一般而言採收期都在 10、11 月展開，於 1、2 月結

束。採收工作全部以人工執行，就連運輸也是勞力密集的工作，一袋袋的咖啡果實全由農民親自搬運，有時則由騾子幫忙。

這些人會沿著蜿蜒的長路獨自專注前行，深知自己擔負著「運金者」的角色。有些人則喜歡有人陪著聊天，會找男性友人（年齡不拘）陪著一起跋涉數公里，從田地走到清洗站。

衣索比亞咖啡農的一天十分漫長而累人。農民在破曉時分出發，徒步走到田地。有些人比較幸運，就住在田地附近，有些人則得沿著塵土飛揚的道路跋涉數公里。咖啡農動員一家老小，從祖父母到年幼的孫兒都得幫忙挑選要採收的咖啡果實。

一旦進入採收季，農民便不再挑選：所有的咖啡果實不論鮮紅或青綠一律採收。前幾個月缺少工作的情形，讓採收季的頭幾天變成一場真正的慶典。當地即使有道路，也是坑坑洞洞、難以行走。穿著五顏六色衣服的家人在翠綠植物的陪襯下顯得格外醒目，每個人都有自己負責的工作，帶著工具在熙攘的人群裡穿梭。接著還有人因為累過頭而直接躺在路中間小睡片刻。但韶光易逝，一分一秒都不能浪費。採收工作正忙的時候，沒有人能好好睡一覺。只要黃麻袋一裝滿咖啡果實，便會搬到獨輪推車或騾背上，送至收集站加工。

上圖：一麻袋準備出售的咖啡，小心翼翼地存放在這家人的房間前頭（衣索比亞耶加雪夫區）。

下圖：將不良豆子挑撿出來（衣索比亞耶加雪夫區）。

右圖：清洗站。咖啡豆發酵後便在水槽裡以流動清水洗滌。

右頁上圖：選別好果實與壞果實。

下圖：清洗過的咖啡豆平鋪在木頭擔架上送至日曬場（衣索比亞耶加雪夫區）。

這些收集站分散在偏遠森林的各處，有如綠洲般醒目，採收工人可以在這裡感激地卸下珍貴的重擔。這一幕就像是東方三博士來到馬槽，只不過來的人遠不只三人，而他們手中拿的是一整天勞動的象徵，此時果實已黏成一塊一塊，因為沾上了樹脂及果實甜美汁液的緣故。

途中也可能有當地稱為 akrabi 的掮客出價購買一袋袋的咖啡果實，他們會用盡各種談判技巧，將售價壓低至自己準備當場支付的價格。有時候還可能出現第二名開著私人轎車的掮客，可以直接將咖啡果實送至清洗站。

在討價還價的過程中，品質控管顯然只是次要，因此從第一批咖啡豆送抵清洗站起，一直到最後存放在要開往歐洲的貨船上，都必須嚴密監督。但這個過程既耗時又傷財，需要耐心、經驗，更重要的是必須抱持高度熱忱。

無論如何，衣索比亞咖啡本身就是頂極產品。但也有人不願意將咖啡產地當成品質保證，堅持檢查整個咖啡生豆供應鏈。

確保成品品質的第一步，就在於所有咖啡果實都必須直接向咖啡農購買，如此一來，才能在適當場所檢查果實的熟度，在購買的當下便進行第一輪淘選。麻袋的內容物（有時只裝了幾公斤的咖啡果實）全部倒在像一張床似的大托盤上，由第一輪篩選員檢查。

接著咖啡果實再接受第二輪檢查才會收回麻袋裡，開始大排長龍等著秤重。

秤重完畢後，咖啡果實便倒入大溝中，由流動清水把果實送入打肉機，將咖啡豆外層的果肉與果皮脫除。接著咖啡豆會置於大型水泥槽（長 6 公尺、寬 3 公尺）裡發酵一、兩天（發酵時間視當時的溫度與空氣濕度而定），讓咖啡豆產生衣索比亞咖啡特有的酸度。

下圖：咖啡在日曬「床」上曬乾。婦女一面隨著鼓聲節奏唱歌，一面不斷翻動咖啡豆。翻動的目的在於避免咖啡豆發霉，並確保豆子曬得均勻。過程中也會挑出殘存的瑕疵咖啡豆。

右頁：日曬場一景，工人以波紋狀鐵皮保護咖啡豆，避免過度曝曬。

咖啡豆發酵後便放入水槽中以流動清水和特殊掃帚清洗，通常會隨著音樂的節奏。

清洗過程結束後，便借助手動操作的噴嘴將咖啡豆鋪在有金屬網眼的木擔架上。擔架鋪滿咖啡豆後，再由兩名工人搬到日曬場，將咖啡豆仔細排列在由金屬框支撐的木架上，架子上鋪著一塊黃麻布。

最驚人的景象便是花一整天照顧這些珍貴咖啡豆的人群（大多為女性）。數十個鮮豔的身影細心翻動一大片的咖啡豆，挑出異物並確保乾燥程度一致。到了傍晚，整片日曬場便以大塊黃麻布或尼龍布遮篷遮蓋，以免遭到雨淋。這些工作都由婦女隨著手鼓的節奏執行，而鼓聲則由擔任品管人員的同一批人敲奏。音樂讓工作變得較不單調，也讓一天的工作更有條理。

下圖：在衣索比亞，水洗後的咖啡豆有時會曬在農舍前。若採用這種傳統方法，幾乎無法控管品質，因為禽鳥及其他動物隨時可能從地墊上走過。

右頁：日曬床，攝於衣索比亞，衣迪多（Edido）。

咖啡儀式

咖啡儀式是衣索比亞真正的藝術，已經發展成某種娛樂活動，也是當地人與朋友聯繫的機會。不同於歐陸的習慣，在衣索比亞光是沖泡咖啡與細心品嚐，就可能耗掉將近半天的時間：其中 3 小時都花在交際上，大多是由老婦人替家人及鄰居安排。這讓我們有機會深入了解這種飲料在衣索比亞日常生活中的重要性。根據傳統，必須將剛割下的草葉鋪在地上，然後將小煤爐升火，用來烘焙剛洗好的咖啡生豆。婦女仔細烘焙咖啡豆，

在衣索比亞咖啡森林裡，咖啡農可能將咖啡果實鋪在家門前的地墊上曬乾。

雙手在爐火上方來回，姿態極為優雅。烘培咖啡豆的香氣混合了簡陋房舍內濃烈的薰香味，讓在場所有人彷彿置身於童話世界中。

烘焙完成後就邀請賓客品嚐濃郁的香氣，待取得他們的同意後，再將咖啡豆放入研磨機中。接著將磨好的咖啡粉放入盛滿滾水的陶壺中。幾分鐘後咖啡便泡好了，濃烈、色深、帶有果香與淡淡的煙燻餘味。通常還會加入當地的香料提味。

和朋友一起坐在 bunna-bet（咖啡館，阿姆哈拉語中的 bunna 是指咖啡，bet 則是指店舖）是難忘的經驗。店裡熱鬧非凡，大家一面聊天一面做針線活，店裡的客人都能受到庇佑，所有的邪靈都被驅逐在外。

根據當地的傳統，咖啡飲用數量必須是一杯或三杯，絕不能是兩杯。耐心與緩慢流動的時光又一次成為這種場合的重點。

在衣索比亞的村莊裡，咖啡儀式是村民相聚和交際的時間。

印度

全名	印度共和國
首都	新德里（居民29萬4783人）
官方語言	英語、印度語及其他21種少數民族語言
政府型態	聯邦共和
獨立時間	1947年
國土面積	328萬7263平方公里
人口	12億1019萬3422人（2011年人口普查數據）
人口密度	每平方公里368人
咖啡產量	533萬3000袋（60公斤裝麻袋）
國內生產毛額（GDP）	1兆5379億6600萬美元
貨幣	印度盧比

資料來源：*Calendario Atlante De Agostini*，2012年；國際咖啡組織，2012年6月。

左頁：在羅布斯塔咖啡園中，大象的輔助極為重要。只有大象能在森林咖啡園中從事吃重又要求精確的工作，攝於南印度卡那塔克邦烏地爾莊園（Udeyvar Estate）。

下圖：小型家庭式莊園的農產品（天然咖啡與紅辣椒）。

咖啡與水果及香料的親密關係

一切都要從400年前左右一場漫長、艱辛的旅程說起，傳說中聖人巴巴·布丹在旅途中從葉門偷了七顆「神奇的」咖啡豆，將這些豆子種植在南印卡那塔克邦的昌德拉吉里山。

後來英國人殖民印度時，開始將這種珍貴的作物外銷出口。當地的咖啡園在1870年慘遭某種致命的黴菌摧殘，不過在1920年代又重新引進了一種新的阿拉比卡品種，如今該品種占總產量（近500萬包60公斤裝麻袋）的50%左右。印度是全世界第六大咖啡產國，占全球總產量的4%，同時也是亞洲第三大咖啡產國，僅次於越南與印尼，主要生產的品種為羅布斯塔咖啡。印度的咖啡豆是以濕法加工處理。也就是說，咖啡果實去除果皮與果肉後會先發酵再曬乾。印度咖啡園的另一項特色在於仰賴高大樹林保護咖啡樹，避免接受過多日照。

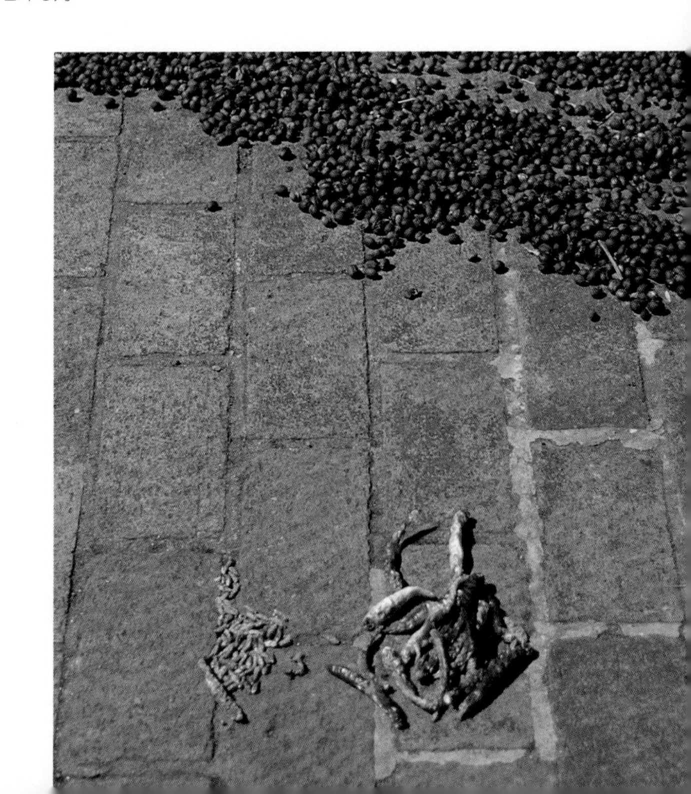

下圖：19 世紀末印度第一批咖啡園是由英國人經營，照片中為咖啡園登記簿，攝於南印卡那塔克邦瓦地哈利莊園（Wartyhully Estate）。

右頁：咖啡園裡，日出日落時分會有陽光從林間篩落。其他時間咖啡樹都有大樹的樹蔭保護，還有胡椒植物沿著樹幹攀爬生長。

印度的咖啡種植區可分為三種：

傳統地區，主要位於南部各邦：卡那塔克邦、喀拉拉邦（Kerala）、敕瑪嘎羅邦（Chicmadalur）、坦米納杜邦（Tamil Nadu）

非傳統地區，包括位於印度東部的安德拉普拉迪什邦（Andhra Pradesh）與奧利薩邦（Orissa）

東部地區，包括所謂的「七姊妹」：阿薩母邦（Assam）、曼尼浦邦（Manipur）、梅加拉亞邦（Meghalaya）、米佐拉姆邦（Mizoram）、特里普拉邦（Tripura）、那加蘭邦（Nagaland、阿魯納恰爾邦（Arunachal Pradesh）

南部的咖啡園是印度咖啡的心臟地帶，以卡那塔克邦的巴巴布丹吉瑞斯（Bababudangiris）一區為中心。近來東部及東北部各邦也紛紛展開有趣的「黑珍珠」實驗。

印度的咖啡園在18、19世紀的殖民時期開始增加，當時土地所有權均掌握在英國人手中。講到咖啡生產，首先浮現腦中的國家並不包括印度，雖然某些頂極的阿拉比卡咖啡產自印度，但大家對這個國家的印象主要仍與茶葉有關。不過，咖啡在年輕人之中極受歡迎，也有愈來愈多人樂於嘗試。

印度政府並未特別編列種植咖啡的補助專款，該國的咖啡約有三分之二外銷，主要銷往德國、義大利、俄國和比利時。

咖啡莊園的設計精良，田地經過仔細劃分，以最少的科技有效經營。園裡的工作是依據英國人傳承的邏輯架構而規畫；英國人運用井然有序而合理的方法，建立了高生產力的咖啡園，與西班牙人隨和但糊塗的拉丁民族個性大不相同。

這些田地屬於小農、在印度享有高社會地位的個別家族或塔塔集團（Tata）等工業巨頭所有。

咖啡莊園通常為家族經營，田地面積大多為幾十公頃——幾乎都是位於房舍後方的土地，或許一旁就種著香草作物——田裡的工作主要由家庭成員負責。但在採收期間，必要時也可能出動族中其他成員幫忙。當地的咖啡農並未採用現代化科技或創新技術，而是遵循流傳幾世紀之久的傳統工作模式，這套模式是當年印度人替英國人耕作時所建立。種植咖啡是高獲利的工作，也不需投入過多

山中咖啡園；地形十分陡峭，採咖啡工人必須藉助繩子才能爬到咖啡樹旁，攝於南印卡那塔克邦百地佳莊園（Bidiga Estate）。

加工中心矗立於這座咖啡園的正中央（南印卡那塔克邦）。

勞力，一部分原因要歸功於其他作物的存在。

由於咖啡園大多為小型家族事業（每季賣到市場的產量介於 10 至 100 包 60 公斤裝麻袋），因此許多咖啡出口商會直接向咖啡農購買未加工的作物，再轉售至國際市場；從事這種交易必須有特別許可，而這種許可極難取得。抽檢咖啡豆品質及初步清洗的工作一般都在哈桑（Hassan）進行。

多年來，印度人不斷從田裡移往都市找工作，這些工作的收入未必更高，但在大家眼中卻比較高尚。如今印度社會仍依照種姓制度嚴格區分階級，且普遍認為都市的工作比鄉下的職業高級。

但在印度，種植咖啡卻不是典型的農耕工作，原因在於咖啡樹總是與香草、豆蔻、辣椒、柑橘等其他作物一起種植，這表示一年四季都有作物可收成。

咖啡園中大約種植了 50 種樹木，不但能替咖啡樹遮蔭、避免陡坡土壤侵蝕，也能從地表深處汲取養分使土壤肥沃。此外，這些樹木也能保護咖啡樹不受季節的氣溫波動影響，確保該地區的動植物欣欣向榮。

印度咖啡園內種植了各種作物，一年四季都有果實可收成。

左頁：採收豆蔻莢。

右上：刻意種植樹木為咖啡灌木叢遮蔭，並且可讓胡椒攀附生長，而胡椒的採收期與咖啡不同。

右下：成熟可採收的咖啡豆（南印卡那塔克邦，瓦第哈利莊園）。

印度咖啡是全世界最頂極的文火烘焙咖啡豆，能泡出雅緻誘人、香氣特殊的咖啡。這種咖啡喝起來芳醇而不過酸，味道獨樹一格且餘韻無窮，香氣細緻。這種獨具深度的特色，全都要歸功於上述以綠樹蒼穹保護咖啡樹的策略。

印度的咖啡園內種植了多種樹木。照片中央的那棵樹據說是這座森林中最古老的樹木，第一株咖啡樹苗便是栽種在這棵樹下。據傳這棵樹已有500多年的歷史，攝於南印卡那塔克邦，奧索莊園（Ossoor Estate）。

次頁跨頁圖片：這條路是咖啡園通往哈桑的聯外道路；早上第一班公車會載著採收工人到工作地點（南印卡那塔克邦）。

印度如今已成為大型咖啡出口國之一，生產多種品種的阿拉比卡咖啡豆，包括阿拉比卡櫻桃（Arabica Cherry）和季風阿拉比卡（Monsooned Arabica），此外還有邁索（Mysore）與馬拉巴（Malabar），全都具有飽滿、細緻的風味。

K.S.R.T.C
KA13
F1213

上圖：展開一天的工作之前，咖啡園領班會先安排當天要做的事情，包括整地、修剪樹枝和採咖啡豆。

右頁上圖：工人等著牽引機載他們到咖啡園內各區；

下圖：婦女正要去採收咖啡果實（南印卡那塔克邦，奧索莊園）。

印度農民也種植羅布斯塔品種，一方面是因為物超所值，另一方面只因為這種咖啡十分暢銷。羅布斯塔豆可種植於不適合阿拉比卡豆生長的地區（阿拉比卡豆必須種植於高海拔地區才能繁盛茁壯），採收期也與阿拉比卡豆不同，因此不會互相干擾，反而能讓現有的機械與人力發揮最大效用。採收順序通常是先收成羅布斯塔的咖啡果實，再來是阿拉比卡，最後才是胡椒和香草等作物。

多重作物制可以讓採收工人立即將注意力從咖啡轉移到園內的其他作物，如胡椒、柑橘或豆蔻等，因此幾乎可確保工人長期有活可幹（但仍為臨時工）。栽種多種作物除了能替咖啡樹遮蔭、減輕對環境的侵犯之外，也能替農民補充收入、維持咖啡園的經濟活力。

印度的栽種方法是模仿典型的森林分層結構，分為上層植物、中層植物及茂密的矮樹叢。以印度而言，每一層植物都是具有經濟價值的作物，在農業方面也具有功用（替咖啡樹遮蔭）。印度的農耕法向來遵守生態原則。有一種名為生態農業的創新農耕法，便

是根據傳統耕作法而奠定基礎。

加工方法

所有咖啡產國的咖啡樹花期都落在雨季，主要受到每三個月一期的季風影響。以印度而言，咖啡樹的花期介於5月至10月間，採收期則在10月至12月及2、3月間，也就是乾季期間。

在收成期，每天早上開始採收前都會執行一道老規矩，將當天咖啡園內所有工人的姓名登記在一本裝飾華麗的登記簿中（一定是沾墨水手寫）。印度咖啡莊園的另一項特色，就是會藉助大象的力量，這些大象在訓練師的陪伴下，以優雅的姿態機伶地走在陡峭的山坡上，做著運輸或搬運等粗重的工作。大象的嘴裡銜著皮帶，用象鼻輔助將皮帶綁在樹幹上，藉此搬動障礙物。

咖啡果實完全以人工採收，這表示工人會一一揀選果實。過熟的果實也會摘下，因為這些果實會引來害蟲，

上圖：守衛柑橘作物果樹能為咖啡樹遮蔭，但需要小心防止猴子入侵，猴群最喜歡柑橘類水果（南印卡那塔克邦，奧索莊園）。

而且可能導致植株生病，破壞咖啡的口感，甚至造成整株咖啡樹死亡。如果任憑果實在樹上或咖啡樹下腐爛，便可能引來惡名昭彰的咖啡果甲蟲，這種寄生蟲會啃咬果實，導致咖啡樹日後遭到黴菌感染。

一般而言，咖啡園並不會另僱一批工人摘取晚熟的果實，有時果實會一次全部採下，後續再選別成熟與未熟的果實。

未成熟的咖啡果實售價較低，但仍然可用，不過這種豆子會讓咖啡產生金屬味和澀味。

下午4點左右，採收地點便會響起古代銅鑼的聲響，通知分散於森林各處的所有採收工人將當天摘採的所有咖啡果實繳回。這些果實必須先秤重才能送去加工。名冊上每個人的姓名旁都會標明採收的果實重量，根據該數字支付酬勞。

接著由生鏽老舊的廂型車將採收工人送往選別地點。同時也有一輛破舊的卡車沿著咖啡園內泥濘的小路裝載一袋袋咖啡豆，準備送往選別站。卡車一到選別站便被一群採收工人團團包圍，大家依序指認自己的麻袋。所有人排成整齊的隊伍，現場沒有太多吵雜聲，大家都焦急地等著領取一袋袋咖啡果

上圖：鑼聲響遍咖啡園，代表一天的工作結束；

下圖：工人一一挑出成熟的咖啡果實。

左上：收成後，採收工人將一袋袋咖啡果實捆成一大堆，準備送往加工中心。

左下：一名年輕採收工人頭頂著她辛勤採收的果實。

右頁：一名警衛指揮一群採收工人排隊，依序領取成袋的咖啡豆（南印卡那塔克邦，奧索莊園）。

實。接著他們會把麻袋裡的果實倒在場內特別標明的區域裡，坐下來開始作初步揀選，也就是單純區分成熟與不成熟的果實。監督人員會在場地四周的牆上仔細監督這個挑選過程。

採收季結束時，咖啡園內所有果實都必須採完。樹上不得殘留任何果實，如此一來咖啡樹才能在雨水的刺激下重新開花。莊園大約每三個月採收一次，採收工人必須在同一株咖啡樹旁往返數次，每次只摘取最成熟的果實，才能得到最佳成果。

選別程序結束後，所有麻袋裡的果實都會倒入大型容器中，以濕法加工處理並去除果皮果肉。所有的印度咖啡果實都會經過清洗，並在過程中由清水輸送至管道中，再送入機器內去除果皮及果肉。

未完全成熟的果實則是留下來曬乾，通常用來製成咖啡豆在國內市場銷售。印度人偏好以菊苣和一點咖啡豆沖泡而成的濃醇芳香飲料。

因此，所有以未成熟果實製成的咖啡豆都是以純天然的方式製造（也就是自然曬乾），

次頁跨頁圖片：一袋袋果實倒在收集站的平臺上，開始挑選分類。未成熟的果實適合在國內市場以低價出售；成熟的果實則在清洗後外銷（南印卡那塔克邦）。

而以成熟果實製成的咖啡豆則必須經過水洗、發酵後才會曬乾。

在加工過程中會再次檢查選別的結果。未成熟的果實因為太大、太硬，因此打肉機（去除咖啡豆外皮及部分果肉的機器）對這類果實無法發揮作用。咖啡豆在發酵後必須水洗，而未成熟果實所產的咖啡豆通常會在水洗過程中漂浮於水面，與頂極咖啡豆自然分離。

印度咖啡豆水洗技術的特色之一，就在於浸泡過程。

左頁上圖：以老式天平替揀選後的咖啡果實秤重；下圖：一批經過仔細揀選的咖啡果實；成熟度必須一致，否則咖啡園監督人可能拒收。

右頁：在工人引頸期盼下，終於到了每一批咖啡果實秤重、選別和接收的那一刻。工頭會將重量及約定的酬勞記錄在名冊中每位採收工人的姓名旁（南印卡那塔克邦，奧索莊園）。

發酵後的咖啡豆（仍包在羊皮層內）會先在大桶子裡以清水反覆沖洗再曬乾。這個額外的步驟會減少咖啡的苦味與澀味，似乎對咖啡的最終口感影響極大。在水洗過程中，咖啡豆會逐漸轉為灰中帶暗紫的顏色。

接著咖啡豆會鋪在混凝土平臺上曬乾，或是鋪在從地面架高的架子上，以便空氣流通。在這裡會有舉止優美、穿著高雅、戴著手環與叮叮噹噹踝鍊的婦女不停翻動咖啡豆，以確保豆子的乾燥度一致。

每天傍晚都有工人以短掃帚將咖啡豆仔細掃成平行的一列列，再裝入麻袋中。晚上咖啡豆必須收起來以免受到露水影響，到隔天早上再拿出來鋪在陽光下，大約需要五至六天才能徹底曬乾。

這個階段稱為「乾燥加工」（dry benefit）。接著再將咖啡豆拋光，也就是去除銀皮，使豆子色澤一致。在這個階段一定要品嚐咖啡的味道，以確認咖啡豆的品質是否與它美麗、散發光澤的外表一致。

左頁下圖：水洗咖啡豆的發酵槽；上圖：一籃濕漉漉的咖啡豆正要倒在乾燥平臺上，攝於南印卡那塔克邦侯薛格達莊園（Hosurgudda Estate）。

上圖：將咖啡豆均勻鋪在平臺上準備曬乾（南印卡那塔克邦，瓦地哈 利莊園）

咖啡喝法：傳統與創新的對比

1935 年 11 月，咖啡稅金委員會（Coffee Cess Committee）首次採取行動推升咖啡在印度的銷售量與消費量。而後第一家「印度咖啡館」（India Coffee House）在 1936 年 9 月 28 日於孟買開張。

1996 年咖啡產業自由化，農民、出口商及零售商的經營模式也隨之大幅改變。如今印度的咖啡零售交易量以前所未有之勢暴增。部分傳統烘焙廠重新整修他們的零售店面，而新入行的業者也嘗試新產品，並供應多種已研磨與未研磨的烘焙咖啡。

愈來愈多印度人喜歡喝咖啡，這被視為是經濟蓬勃發展最明顯的徵象之一。

為了確保乾燥程度一致，咖啡豆一天必須翻動數次（南印卡那塔克邦，侯薛格達莊園）。

「印度咖啡館」連鎖店在 1940 年代至 1970 年代極受歡迎，鼎盛時期共有 72 家分店，自然成為當時所有人的聚會場所。

如今印度的咖啡店集團龍頭 Café Coffee Day（CCD），已在全國各地建立龐大的連鎖網絡，分店多達 400 家以上，該公司於 1996 年進入咖啡零售業後，已在奧地利的維也納開了兩家分店，也在巴基斯坦的喀拉蚩開了一家分店。

左頁：年輕婦女優雅地在咖啡豆中划動雙腳，以確保豆子通風良好。

上圖：如果咖啡豆是鋪在架高的「床」上曬乾，則是以手翻動豆子；下圖：曬乾的咖啡豆會掃成一堆，以便於裝袋（南印卡那塔克邦，奧索莊園）。

咖啡豆可以用木耙翻動，以確保乾燥度一致，攝於南印卡那塔克邦，哈桑，艾蓮那咖啡加工中心（Allana Coffee Curing Works）。

印度人喜歡卡布奇諾或滴濾式咖啡甚於濃縮咖啡，綜合咖啡豆自然也配合當地人的口味加以調整。而教導印度人如何在家沖泡出好咖啡則是另一個前景看好的市場，當地人因為對咖啡的正確沖泡步驟不太了解，所以才不在家裡喝咖啡。

左頁下圖：一間陰暗乾燥的倉庫裡堆放了一袋袋黃麻袋裝的咖啡豆（南印卡那塔克邦，瓦地哈利莊園）；

右圖及左頁上圖：咖啡豆在外銷前必須經過數百名經驗豐富的婦女一一檢查（南印卡那塔克邦，哈桑，艾蓮那咖啡加工中心）。

左頁上圖：選別廳裡的照明設備是經過仔細設計，可提供最佳照明，以便工人檢查咖啡豆。

下圖：淘汰的咖啡豆會扔進籃子裡，準備在國內市場銷售。

右圖：咖啡樹以人工灌溉。長期的照顧與留意可確保生產出頂極的咖啡豆，在印度不缺乏有意願的工人（南印卡那塔克邦，哈桑，艾蓮那咖啡加工中心）。

巴西

全名	巴西聯邦共和國
首都	巴西利亞（居民257萬160人）
官方語言	葡萄牙語
政府型態	聯邦共和
獨立時間	1822年
國土面積	850萬2728平方公里
人口	1億9075萬5799人（2010年人口普查數據）
人口密度	每平方公里22人
咖啡產量	4348萬4000袋（60公斤裝麻袋）
國內生產毛額（GDP）	2兆903億1400萬美元
貨幣	巴西里爾

資料來源：*Calendario Atlante De Agostini*，2012年；國際咖啡組織，2012年6月。

左頁：巴西米納斯吉拉斯地區的一名咖啡農（卡美洛山）。

下圖：米納斯吉拉斯地區的典型巴西咖啡莊園，攝於聖哥達多（São Gotardo）。

從愛的象徵到珍貴的果實

巴西是全球第五大國，疆域幾乎涵蓋了半個南美洲，南美各國除了智利與厄瓜多爾外，全都是巴西的鄰國。

搭機飛越巴西上空，不難看出咖啡對這個國家的意義。這個像櫻桃般的小果實成熟時會轉為鮮紅色，不但是巴西的經濟命脈，也深受當地人看重與愛護。

咖啡之所以能傳入巴西，要歸功於葡萄牙軍士長法蘭西斯科・狄・梅洛・巴耶達的努力。據說在 1727 年，馬蘭浩（Maranhão）及格蘭巴拉（Gran Pará）的總督祖奧・德・馬利亞・甘馬（João de Maria Gama）派他信賴的士兵擔任仲裁人，前去幫助法國總督道荷維耶（D' Orvilliers）解決法國與荷蘭在圭亞那的殖民地邊界糾紛。巴耶達如眾人所願解決了紛爭，並隨即受邀參觀道荷維耶著名的咖啡園。

順時針方向，上圖：巴西聖多斯港（Santos）咖啡交易所的舊拍賣廳，如今已是博物館；咖啡交易所的入口；巴西聖多斯港的咖啡搬運工紀念碑，該國幾乎所有的外銷咖啡都從這個港口輸出；米納斯吉拉斯地區某咖啡園的曬豆場（波蘇斯卡爾達斯）。

而推廣咖啡種植的人，則是指揮官祖奧．亞伯托．卡斯提洛．布蘭可（João Alberto Castelo Branco）。他透過商船將咖啡樹苗從馬蘭浩運至巴西南部的里約熱內盧，將樹苗交到聖方濟教派嘉布遣會（Capuchin）的神父手中，使里約成為第一個咖啡首都。巴西是葡萄牙殖民地，據說就連葡王約翰六世（King John VI，在位期間 1816 年至 1826 年）也會將咖啡種子發給朝臣，鼓勵他們闢建自己的咖啡莊園。在聖約翰馬可斯州（São João Marcos），拉夫發迪奧侯爵（Marquis of Lavradio）甚至讓種植咖啡的農民免服兵役。

自 1810 年後，咖啡種植在巴西迅速發展，到了 1826 年，咖啡的外銷量已從世紀初幾近於零的水準，增至占全球產量的 20%。事實上，咖啡就是在十九世紀取代了蔗糖的地位，成為巴西的主要出口產品。

葡萄牙人原本是來南美洲大陸淘金，卻搖身一變成為商人，做起玉蜀黍、牛奶及其他糧食的買賣，不但因此致富，還能將多數的獲利投入咖啡園。1888 年奴隸制度廢除，促使成千上萬的歐洲人移居國外（主要為義大利人）、前往巴西在咖啡園裡工作。到了 1889 年，巴西已成為全球首屈一指的咖啡產國，迫使爪哇退居第二。由於巴西已成為葡萄牙人的主要市場，農民的勢力日漸坐大。當局為了招安農民，開始授予這些大地主男爵的頭銜。

里約原本是巴西的咖啡首都及最大的咖啡產地，但在 1886 年卻被聖保羅取代，接著在 1928 年又被米納斯吉拉斯超越，後來更落居於聖靈州（Espírito Santo）之後，目前

已退居為巴西排名第四的咖啡產地。如今咖啡種植主要分布於聖保羅州、帕拉納州（Paraná）、米納斯吉拉斯州、聖靈州、里約熱內盧州、巴伊亞州（Bahia）、戈亞斯州（Goiás）、伯南布哥州（Pernambuco）、馬托格羅索州（Mato Grosso）、南馬托格羅索州（Mato Grosso do Sul）、塞阿臘州（Ceará）及朗多尼亞州（Rondônia）。1929 年經濟大蕭條衝擊全球經濟，對巴西的影響之一便是削弱了莊園地主對政府的影響力，名為「自由聯盟」（Liberal Alliance）的反對派因此崛起，獲得民族主義軍官的支持。

到了 1960 年，單是咖啡便占巴西國內生產毛額的 50 至 55%，不過自此之後該數值便被壓低在 3 至 4% 之間。這表示巴西的經濟只有一小部分仰賴咖啡產業，但如果該國決定停止生產咖啡，將對全球造成莫大的衝擊，因為巴西的咖啡產量占全球產量的 33%（資料來源：國際咖啡組織，2012 年 6 月）。

後來那名士兵與總督的妻子克洛德夫人（Mme Claude）成為好友，在他離去時，她送給他一把珍貴

上圖：Joaquim José C. Dias 農場。這座村莊具備各項社會福利設施，在採收季時會突然冒出來。

左圖：成排的咖啡樹，在巴西可容許咖啡樹長至約 3 公尺高。

右頁：一名婦女正在搓枝，也就是不論咖啡果實成熟與否，一律以人工方式從樹枝上搓下（巴西米納斯吉拉斯地區，波蘇斯卡爾達斯）。

的咖啡樹種子（顯然是由這位夫人親自偷偷塞進他的口袋）和一大束鮮花，花中隱藏了幾株咖啡樹的幼苗。巴耶達一回到貝倫杜帕拉（Belém do Pará）的家中便將幼苗種下，從此揭開巴西成為全球最大咖啡產國的序曲。

咖啡：巴西的黃金

4300萬包以上；這是巴西2011年的咖啡產量（以60公斤裝麻袋為單位），同年全球咖啡總產量約為1億3100萬包（資料來源：國際咖啡組織，2012年6月），由此可知咖啡在巴西的經濟中占有舉足輕重的地位。

遼闊的咖啡莊園內整齊地種植著咖啡樹，景色讓人歎為觀止；成排的咖啡樹就像列隊的小士兵，通常在高大樹木的陰影下排成一列。這個國家是咖啡樹的理想種植地，當地的咖啡樹可生產最高品質的果實。

巴西栽種的品種為阿拉比卡咖啡，這些咖啡樹生長得十分茂盛，高度可達2、3公尺，但有時需要藉助極先進的灌溉系統或大片遮蔭灌木及樹林，才能度過一年中最炎熱的時期。

農民運用最先進的技術照顧咖啡樹的整個生長周期及加工處理咖啡果實。在採收期間，不論是小地主、中地主或大地主都可以向許多合作社尋求協助。這些合作社不但能給予農務方面的建議，也提供特別資金。這個機構是在1932年後設立，目的在於穩定價格、提供品管機制，且通常會直接向農民購買咖啡，幫助他們維持獨立。有時合作社購買的咖啡生豆為 bica corrida，也就是沒有經過選別的咖啡豆。

左頁上圖：咖啡果實在採收後要過篩以去除樹葉、樹枝和小石頭；下圖：剛採下的阿拉比卡咖啡果實。

右圖：這座咖啡莊園並未將咖啡果實秤重，而是以金屬桶子為計量單位計算產量（巴西米納斯吉拉斯地區，波蘇斯卡爾達斯）。

上圖：成熟、未成熟與發酵過的咖啡果實重量各不相同，因此可利用流動清水加以區分。

左頁：有許多方法可將咖啡果實（照片中是天然阿拉比卡咖啡的波旁變種）鋪在咖啡園的平臺上曬乾，這便是其中一種。

下圖：曬在平臺上的咖啡果實需要不斷通風（巴西米納斯吉拉斯地區，波蘇斯卡爾達斯）。

在大型低地咖啡園中曬咖啡（巴西米納斯吉拉斯地區，卡美洛山）。

目前有 2 至 3% 的咖啡農（主要是大型咖啡園的農民）會自行銷售作物；其餘約有 80% 的農民屬於小農，偏好經由合作社銷售作物。在採收期間，合作社一天可以處理上千分咖啡樣本。

在巴西種植咖啡代表擁有土地，不論持有的面積多小，都算是地主。種植咖啡屬於獲利事業，因此很快便恢復往日的榮景。1990 年代咖啡產業衰退促使農民進一步重質不重量。咖啡農開始接受產量減少但品質提升的栽種方式。即使是平常堅守傳統方法的老農民也明白，唯有找到新方法提升銷售咖啡豆的品質，才能永續發展。這表示巴西人並不排斥使用創新肥料與現代機器，而且已準備好向農藝學家請教，以生產品質更高的作物。

左頁：咖啡園中的機械灌溉系統。這些機械臂最多可伸至 500 公尺長。

上圖：有時咖啡莊園的面積太大，唯一可行的採收方式便是利用機械（巴西米納斯吉拉斯地區，聖古塔爾多）。

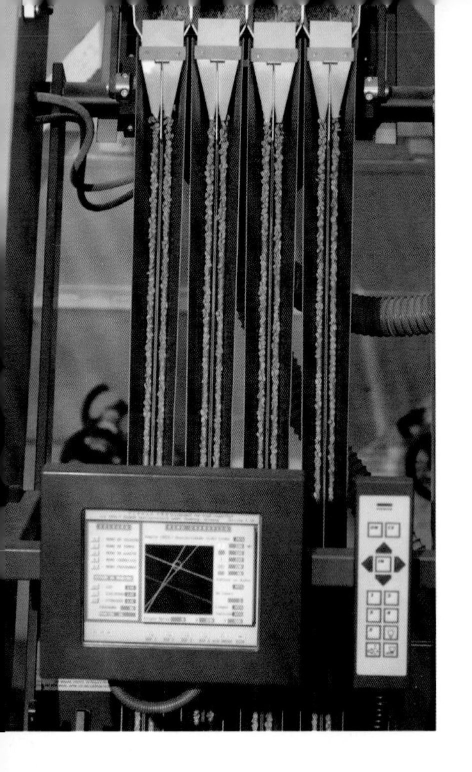

他們灌輸子孫教育的重要性，鼓勵他們研究任何與咖啡產業相關的學科，從農業科學到工程學、經濟學和企業管理等，以盡可能提高競爭力。

巴西的地主就像他們的咖啡樹一樣堅強又自豪，以耐心與韌性聞名，此外他們也樂於接受新事物，並滿懷幹勁和信念致力於改善咖啡園。

上圖：咖啡豆在銷售前會先以電子儀器選別，透過感色儀偵測出有瑕疵的豆子。

下圖：遼闊的咖啡豆日曬場。

右頁上圖：曬咖啡豆（巴西米納斯吉拉斯地區，卡美洛山）。

哥倫比亞

全名	哥倫比亞共和國
首都	波哥大（居民849萬3675人）
官方語言	西班牙語
政府型態	總統制
獨立時間	1810年（宣布）；1822年（西班牙承認）
國土面積	114萬1748平方公里
人口	4550萬8205人（2010年預估）
人口密度	每平方公里40人
咖啡產量	780萬包（60公斤裝麻袋）
國內生產毛額（GDP）	2855億1100萬美元（2010年）
貨幣	哥倫比亞披索

資料來源：*Calendario Atlante De Agostini*，2012年；國際咖啡組織，2012年6月。

左頁：手工細心採收的成果，工人一粒粒摘採咖啡果實，攝於哥倫比亞考加省（Cauca）波帕揚（Popayan）。

下圖：內格羅河（Rio Negro）山谷的景色，照片中有典型的哥倫比亞山區植物。

哥倫比亞（Colombia）的國名源自於克里斯多福．哥倫布（Christopher Columbus），當地人開玩笑地將「哥倫比亞」改成「倫哥比亞」（Locombia），意思是瘋狂之地。而這種瘋狂也展現在許多奇妙的地景上，從絕美海灘的純白、加勒比海迷人的湛藍，到亞馬遜河叢林的翠綠及安地斯山白雪皚皚的群峰景色，各種繽紛的色彩融合成奇妙的效果。

哥倫比亞的動、植物種類之多在南美洲堪稱數一數二，當地種族的多樣性也毫不遜色，且頗能反映拉丁美洲其他國家的許多特性。這片土地或許鮮為人知，而且總是讓人立即聯想到毒品走私販、游擊隊員，以及全世界最著名、產自哥倫比亞礦脈的兩大祖母綠寶石：也就是重達1000克拉以上的得文夏（Devonshire）祖母綠，以及專家譽為「完美到讓人捨不得切割」的派翠西亞（Patricia）祖母綠原石。但這片土地還有許多面向可以玩味；是最具異國風情、富

有感官刺激、狂野又迷人的國家之一，值得我們一探究竟。

哥倫比亞咖啡：最香醇的PGI產地認證咖啡

哥倫比亞是全世界第四大咖啡產國，產量占全球總產量的6%，阿拉比卡豆的產量僅次於巴西。種植咖啡會受到許多因素影響，例如環境（包括土壤與氣候）、肥料的使用、現有的經濟資源、每一株咖啡樹的潛在產量、植株對疾病的抵抗力，以及農民對咖啡樹的照顧程度。

哥倫比亞咖啡種植於高海拔地區，利用香蕉樹與橡膠樹等闊葉樹遮蔭。哥倫比亞主要種植的幾種阿拉比卡咖啡都極受歡迎，包括卡杜拉（Caturra）、鐵比卡、波旁（Bourbon）、象豆（Maragogype）、塔比（Tabi）及卡斯提約（Castillo）等，這些品種生產的咖啡口感滑順，帶有溫和的苦味及明顯的酸味與香氣。在這些品種中，最重要的是要區分高大品種與低矮灌木品種。

高大品種包括豆子呈青銅色或紅色的鐵比卡，以及豆子偏綠色的波旁。塔比（哥

咖啡園裡刻意種植了香蕉樹與楓樹，為咖啡樹提供遮蔭（哥倫比亞考加省，波帕揚）。

倫比亞方言，意思是「好」）是鐵比卡、波旁和混種帝汶咖啡的混合品種，能提高阿拉比卡咖啡的抵抗力，也讓羅布斯塔咖啡的香氣更濃郁。

主要的灌木品種為卡杜拉和卡斯提約：兩者的產量都很高，而且生產的咖啡豆品質絕佳。

這些品種必須經過熟練的判斷加以混合，才能掛上 PGI 哥倫比亞咖啡（Protected Geographical Indication，受保護地理性標示）的標誌，表示咖啡的口感細緻、具有中高級酸度、稠度良好而飽滿，且帶有明顯的烘焙杏仁香。

咖啡的栽種、加工、運輸及貿易已成為哥國多數人的生計：總計有超過 57 萬名咖啡農（佔哥倫比亞總勞動人口的 22%），其中大多數的咖啡農是哥倫比亞咖啡農協（Federación Nacionalde Cafeteros）的會員。這個組織 80 多年來持續為哥倫比亞咖啡農提供協助、維持市價穩定，並確保坊間咖啡豆的高品質。

哥倫比亞咖啡的特點之一，在於咖啡農與國家協會之間的特殊關係。這個機構於 1927 年由一群希望建立互助會的咖啡農創立，是一個非營利、無政治立場的合作社，為咖啡農提供社會協助，並支援他們的農耕計畫，目標在於穩定及統合哥倫比亞的咖啡市場，並確保生產高品質的咖啡。

由於有政府監督，再加上出口關稅是經過審慎決定，農協得以保障農民，避免咖啡價格驟跌。

如果價格跌至預定的底限以下，農協便會凍結所有交易，開始收購及囤積咖啡作物，待價格回升至一定的水準後再向市場釋出。

農協不僅處理咖啡相關事務，也協助籌措社福計畫的款項、辦學、鋪路、架溝渠等，為 400 多萬賴咖啡為生的哥倫比亞人提高生活水準。

哥倫比亞咖啡農協如今統合了 50 多萬戶小農與獨立農戶，每個農戶的平均農地面積為 2 公頃。在農協的保護下，咖啡農非但不受國際市場可能發生的劇烈價格波動所影響，而還能發揮有如單一大型公司的作用。

上圖：
哥倫比亞咖啡農協位於卡塔赫納（Cartagena）的總部。該協會創立於 1927 年，為哥倫比亞咖啡農民提供建議，並協調及保障咖啡農的工作。

哥國的其他重要作物包括甘蔗、稻米、香蕉、菸草、棉花等，而穀物、蔬菜及各種熱

帶水果與花卉則居於次要地位。

畜牧是哥國農業的另一個重點，飼養的動物包括大批牛隻、豬隻、羊群及馬匹等，其中一部分會外銷。

哥倫比亞的咖啡幾乎全年均可採收，不過主要採收期是從 10 月至 12 月，另一個採收期則是從 4 月至 6 月。哥倫比亞咖啡因其酸味而受到消費者青睞，當地的咖啡種植區位於海拔 1000 至 2000 公尺，平均溫度為攝氏 20 度，雨量豐沛，年雨量可達 2300 公釐。

上圖：身穿咖啡農協制服的農學家。這些人備受尊崇，從當地一句俗語便可看出端倪：「千萬別對穿黃衣服的人開槍！」（哥倫比亞考加省，波帕揚）。

右圖：森林咖啡園；土壤隨時保持濕潤，因此不需要灌溉。

右頁上圖：以手工採收，只選取最佳的紅色咖啡果實。

下圖：動物在無意間幫忙咖啡農除草及提供最佳的天然肥料，攝於哥倫比亞桑坦德省（Santander）聖希爾。

哥倫比亞主要有兩大咖啡種植區：一區位於哥倫比亞中部，在麥德林（Medellin）、亞美尼亞（Armenia）及馬尼薩萊斯（Manizales）附近，又稱為MAM區，該區生產的咖啡稠度飽滿、香氣濃郁且酸味與苦味巧妙平衡；至於哥國東部波哥大與布卡拉曼加（Bucaramanga）附近的地區則較為多山，生產的咖啡風味更細緻，酸度也較低，屬於頂極咖啡。

這個名為舊卡達斯（Viejo Caldas）的區域涵蓋安地斯山、聖瑪爾塔內華達山（Sierra Nevada de Santa Marta）及馬卡雷納山

（Serraina de la Macarena），一直延伸至安地歐基亞省（Antioquia）南部，如今這個地區分為三個省分：卡達斯省、里薩拉爾達省（Risaralda）和金迪奧省（Quindio）。這裡是主要的咖啡種植區，從一個世紀以前開始發展，當時安地歐基亞省飽受連綿內戰的摧殘，家家戶戶因此收拾行囊前往未開墾的地區尋找新城市。

這個地區的咖啡樹已經完全適應當地的山區環境與氣候條件。這裡的土壤包含了腐植土與古代火成岩顆粒，不但富含養分也具有絕佳的排水效果。哥國每年生產的咖啡有絕大部分產自這個地區。

上圖：村中起伏的道路，村民大多為農民（哥倫比亞桑坦德省，聖希爾）。

右圖：清洗加工中心的某處平臺（哥倫比亞桑坦德省，聖希爾）。

咖啡園的景色通常格外美麗。當地農場獨特的建築物在咖啡與香蕉園之間若隱若現，四周環繞著開滿鮮花的大花園。小鎮上較質樸的「殖民時期建築」也充滿魅力，為整個地區增添一分特殊的韻味。

拉丁美洲基本上是一個多采多姿的歡樂世界，或許顯得混亂但也充滿活力。來到哥倫比亞便能了解個中緣由：鮮豔、原始的色彩並陳，展現出來的強烈效果

一名自豪的哥倫比亞咖啡園地主（哥倫比亞桑坦德省，聖希爾）。

讓人眼花繚亂，而朵朵浮雲在格外湛藍的天空中似乎也顯得怡然自得。周遭的一切都有明確的色彩與輪廓，讓環繞這個地區、山頂籠罩在灰雲中的黑色群山退居於背景之中。在一片混雜的景色中，很難分辨每一棟房子的頭尾；道路唯命是從地順著無一寸平坦的地勢起伏，難以捉摸的天氣毫無預警地驟然由雨轉晴。

從咖啡果到咖啡豆

哥倫比亞的咖啡豆是採用濕法加工處理，因此生產的是水洗咖啡豆。整個加工過程主要分為三個階段：採收、加工，以及去除羊皮層、也就是包覆在咖啡豆外層的白色硬膜（這個過程稱為脫殼）。

苗圃是哥倫比亞咖啡樹的生命發源地，數千顆精挑細選的咖啡種子都種植在這裡，以避免溫度驟變造成傷害，等到幼苗長成後才會移植到肥沃、富饒的土壤中。播種約八週後種子便在充足的日照下發芽，最健壯的幼苗會放置在陰涼處長達六個月左右。這段期間幼苗會長到 2 公尺高，接著便可移植到咖啡園內適當的地點。

咖啡樹要等三、四年後才

左頁：已成熟可採收的咖啡果實。

上圖：咖啡種子自然發芽（哥倫比亞考加省，波帕揚）。

會開始結果。大雨是促使咖啡樹開花的主因，而由於種植地區位於降雨頻繁的熱帶，因此咖啡樹也會不斷開花。一株咖啡灌木上可能會有各種顏色的果實，顯示不同的成熟度。採收是重要的階段，只有採收最成熟的果實，才能確保咖啡絕佳的品質。通常在開花七、八個月後就可採收果實。

下一步便是加工，包括去除果肉、清洗、發酵、沖洗和曬乾。

左頁：採收工人正在工作。

上圖：咖啡樹幼苗。

下圖：樹枝上結滿了成熟的果實。

打肉機（負責去除包覆在咖啡豆外層的果肉）是哥倫比亞農民唯一使用的機器。

平臺上鋪的咖啡豆厚度不可超過2至3公分，而且必須不時翻動以確保豆子的濕度一致，避免不必要的發酵。為了小心起見，晚上工人還會以防水布覆蓋咖啡豆以免下雨。

咖啡農將咖啡豆去除果肉及曬乾後，會收在粗帆布袋裡搬上吉普車。而在某些地區，咖啡農仍偏好以騾子和驢子為交通工具將收成運往市場，市場裡會有人從整批咖啡豆中抽驗品質。

只有經過上述漫長的過程，農協才會在麻袋上蓋上許可章。不過，在這些麻袋密封前，專家還會再抽驗一次，將咖啡豆烘焙、研磨、沖泡成咖啡，以評估

左頁：樹枝上結實累累，滿是成熟的阿拉比卡咖啡果實，圖中是波旁品種特有的鮮黃色果實；咖啡樹有時會種植在高大竹林的林蔭下。

右圖：採收工人工作一天後返回（哥倫比亞考加省，波帕揚）。

香氣和味道。如果專家不滿意某一批咖啡豆的品質，便有權禁止這批咖啡出口。

最後一個階段包括標示咖啡的品種及每一袋咖啡豆的來源，也就是產地認證。

左頁：小型家庭式咖啡園裡曬的咖啡豆。

上圖：降雨頻繁導致咖啡豆難以曬乾，因此滑動式波狀鐵皮屋頂可用來保護咖啡豆，確保豆子通風良好。

下圖：黃麻袋上清楚印著咖啡豆的產地（哥倫比亞考加省，波帕揚）。

上圖，由左至右：各種高品質哥倫比亞咖啡豆的樣本；咖啡豆送往潛在買家之前，必須先經過專家檢查樣本有無缺陷（哥倫比亞，卡塔赫納港）。

下圖：存放於卡塔赫納港某倉庫中的黃麻袋。

SERVIMAC
SERVIMAC

VENICE EXPRESS
LIMASSOL
G5
NOELL
G6

Sociedad
Portuaria Regional De
Cartagena S.A.
PUERTO DE CARTAGENA

USE CASCO

廚房裡的咖啡

一代名廚吉安佛蘭科· 維薩尼的食譜

咖啡是飲料，這個觀念已經成為習慣、歷史悠久的習俗與傳統，是日常生活的一部分。除了用於製作蛋糕、冰淇淋、慕絲或巴伐利亞奶凍，不論是咖啡廳供應的濃縮咖啡、精心沖製的摩卡壺咖啡，或用馬克杯盛裝的美式滴濾咖啡，都沒有人把它當成食材。

但吉安佛蘭科·維薩尼匠心獨運，讓咖啡豆在甜點及開胃菜世界中占有一席之地，並以驚人的組合作嘗試，讓人品嚐第一口之後便為之著迷。

美食的風味、香氣與口感融合了咖啡香，達到完美的平衡，創造出讓味覺興奮的和諧，而這些創意料理自然又出人意表的原創性，也讓味蕾甦醒。肉類、魚類、蔬菜、巧克力：只要選定起點，就能踏上這趟獨特的美食與烹飪之旅，而且……還能反覆體驗。

炙烤多米諾起司佐香蕈沙拉，黑鱈泥佐柑橘及咖啡風味奶油

四人份材料

- 4 份多米諾起司（Tomino）
- 100 公克香蕈蘑菇
- 150 公克黑鱈
- 100 公克馬鈴薯
- 柑橘皮絲
- 特級初榨橄欖油，調味用
- 3 瓣大蒜
- 2 片月桂葉
- 黑胡椒，調味用
- 100 公克奶油
- 1 杯濃縮咖啡
- 蔬菜高湯，調味用

作法

將馬鈴薯連皮煮熟，另以燉鍋將黑鱈煮 10 分鐘，加入一瓣大蒜、月桂葉及黑胡椒。奶油與濃縮咖啡拌勻。

馬鈴薯去皮，與煮熟的黑鱈一同放入攪拌機中，加入橄欖油（以兩瓣炒過的大蒜調味），攪拌成質地均勻、輕盈的混和物。加入鹽及胡椒，佐柑橘皮絲增加風味。

炙烤多米諾起司，同時將香蕈切薄片，以小平底鍋將咖啡風味奶油輕輕融化，拌入少許高湯。

將奶油倒入盤中，擺上炙烤多米諾起司、黑鱈泥及切片蘑菇。

塔花香朝鮮薊塔，佐鯷魚、咖啡及檸檬醬汁

四人份材料

朝鮮薊塔材料

- 4 顆朝鮮薊
- 200 公克起酥皮*（à foncer）
- 1 顆雞蛋
- 100 公克鮮奶油
- 2 瓣大蒜
- 2 枝卡拉薄荷（calamint）
- 1 片月桂葉
- 1 湯匙現刨格拉納起司（grana）

醬汁材料

- 25 毫升蔬菜高湯
- 1 公克咖啡粉
- 5 毫升檸檬汁
- 2 條鹹鯷魚
- 15 公克青蔥
- 1 片月桂葉
- 油、鹽、胡椒，調味用

作法

朝鮮薊塔作法：將朝鮮薊洗淨切薄片，以油、大蒜、月桂葉及塔花略為煎過，確保朝鮮薊維持略為爽脆的口感。

將起酥皮鋪在塔模中，加入朝鮮薊，再倒入鮮奶油、雞蛋、格拉納起司、鹽、胡椒的混合液。以攝氏 160 度烘烤 15 分鐘。

醬汁作法：蔥末與大蒜、月桂葉、鯷魚、咖啡粉、檸檬汁加入油中拌炒；倒入高湯煮數分鐘。

將月桂葉及大蒜取出，平底鍋離火；以攪拌機拌勻，用錐形濾網過濾（錐形濾網為外形有網眼的金屬圓錐，整體或部分以不鏽鋼製成，用來濾乾及過濾食品）。

必要時將醬汁稀釋或煮得更濃，並加入鹽調味。

*起酥皮是以250公克麵粉、200公克奶油、一顆雞蛋及少許鹽製成。將麵粉過篩堆成金字塔狀，中央放入雞蛋、一小撮鹽及奶油。麵團揉至緊實均勻，放入冰箱冷凍至少1小時。

小羊排佐扇貝、黑松露及鵝肝綜合丁，佐芒果及羊肉醬汁與野菊苣和咖啡布丁

四人份材料

小羊排材料

- 小羊排
- 大蒜、迷迭香及豬油，用於塗抹在羊排上

綜合丁材料

- 25 公克扇貝
- 20 公克黑松露
- 25 公克鵝肝

醬汁材料

- 30 公克芒果
- 50 公克小羊排肉汁 *
- 2 瓣大蒜
- 2 片月桂葉
- 15 公克青蔥末
- 25 毫升蔬菜高湯
- 特級初榨橄欖油、鹽、胡椒，調味用

布丁材料

- 160 公克咖啡風味菊苣泥 **（chicory puree）
- 1 顆雞蛋及 1 個蛋黃
- 20 公克鮮奶油
- 15 公克麵粉
- 20 公克奶油

作法

羊小排作法：將大蒜、迷迭香及豬油塗抹於小羊排上。加入鹽、胡椒及油，放進烤箱以 160 度烤至少 1 小時。

綜合丁作法：將扇貝、松露及鵝肝切丁，大小盡量一致，以不沾鍋迅速炒熱後，一層層疊好擺盤。

醬汁作法：將青蔥末與大蒜和月桂葉一起炒，加入芒果細丁及小羊排肉汁煮幾分鐘。加入蔬菜高湯煮滾，接著撈出大蒜與月桂葉後倒入攪拌機中，攪拌過後再以錐形濾網過濾。

布丁作法：將蛋黃與菊苣泥拌勻，和入麵粉、奶油、鮮奶油，最後再加入打發的蛋白。以攝氏 250 度烤 3 分鐘。

* 小羊排肉汁作法：將羊骨送入烤箱烤至焦黃，再與紅蘿蔔、洋蔥、芹菜一同放入燉鍋。可視個人喜好加入香料及少許白酒。鍋中加水至淹過食材，長時間燉煮直至高湯冒泡。水量蒸發一半後，丟棄羊骨，將其餘食材倒入攪拌器中。攪拌後再倒回鍋中繼續以小火慢熬。

** 以極少量水將菊苣煮熟，加入一杯雙份濃縮咖啡或一壺三人份的摩卡壺咖啡。將菊苣濾乾後再放入攪拌器中打成泥狀。

芒果布丁佐香草風味 Zolfino 菜豆泥及咖啡與白巧克力醬

四人份材料

布丁材料

- 2 個蛋黃
- 4 個蛋白
- 120 公克糖
- 30 公克麵粉
- 120 公克芒果泥
- 80 公克融化奶油
- 50 公克白巧克力

Zolfino 菜豆泥材料

- 100 公克 zolfino 菜豆
- 20 公克糖霜
- 1 根香草

醬汁材料

- 180 公克白巧克力
- 100 公克濃縮咖啡或摩卡壺咖啡
- 250 公克鮮奶油
- 30 毫升咖啡甜酒

作法

布丁作法：糖與蛋黃拌匀，加入融化的白巧克力、融化的奶油、芒果泥、麵粉，最後加入打發的蛋白。以攝氏 240 度烤 5 至 6 分鐘。

豆泥作法：將 zolfino 菜豆煮熟濾乾，加入糖及剖開的香草棒；以文火加熱並劇烈攪拌數分鐘。

醬汁作法：白巧克力隔水加熱融化，加入咖啡、鮮奶油及甜酒；以攪拌器徹底拌匀，保持溫熱。將咖啡及白巧克力醬倒入盤子中央；以湯匙反覆將 zolfino 菜豆泥塑形成橢圓形的丸子；將熱騰騰的布丁放在盤子中央。以白巧克力薄片裝飾擺盤。

詞彙表

美式烘焙——美式烘焙咖啡是針對美國市場烘焙的咖啡豆，呈中度褐色。

美式咖啡——滴濾式咖啡。

阿拉伯摩卡（Arabian mocha）——產自阿拉伯半島西南部的咖啡品種，種植於葉門境內紅海沿岸的高山地區。據說這是栽種歷史最悠久的品種，主要特色在於這種咖啡的稠度飽滿醇厚，擁有如紅酒般的酸甜餘韻。

阿拉比卡（小果咖啡）——這是人類最早栽種的咖啡品種，也是全世界最普遍種植的品種，占全球產量的60%，具有複雜而平衡的香氣。

綜合咖啡豆——多種咖啡豆一起研磨，咖啡的品種可能相同也可能不同（阿拉比卡及羅布斯塔）。

波旁——阿拉比卡的變種，生長於波旁島，即如今的留尼旺島（Reunion）。拉丁美洲的許多頂極咖啡都屬於波旁品種。

咖啡因——一種無臭、帶苦味的生物鹼（有機物質），是茶與咖啡中的興奮物質。

咖啡果實——咖啡樹的果實。外形與櫻桃十分類似，成熟時為鮮紅色。果實內有兩顆豆子前後並列，豆子外層包覆著甜果肉及硬皮。

去咖啡因——這個過程去除了咖啡生豆中大部分的咖啡因。根據義大利規定，去咖啡因咖啡的咖啡因含量不得超過0.1%。去咖啡因的系統分為許多種，包括利用水、有機溶劑或超臨界狀態的二氧化碳。

瑕疵豆——咖啡豆採收、風乾、儲存或運輸的過程出現疏失，導致咖啡的氣味或口感不佳。最常見的原因包括：太多未熟或過熟的果實、果肉發酵及遭到微生物感染，其他過程（日曬或濕法加工）的疏失、儲存場所潮濕或過熱、烘焙不當。

濃縮咖啡——可能是指烘焙類型或咖啡的類型（25至30毫升），沖泡過程是以9個大氣壓的壓力，讓攝氏88至92度的水流經裝有咖啡粉的濾杯。

發酵（加工）——在濕法加工的過程中，天然酵素會破壞咖啡果實的果皮與果肉，將這些部分與包在甜果膠內的咖啡豆分離。

滴濾式咖啡——一種味道溫和咖啡：先將咖啡粉放入漏斗狀的紙濾杯中，再以熱水沖泡。

加味（咖啡）——烘焙咖啡豆加入香料（香草、巧克力、焦糖等）。

咖啡生豆——未加工、未經烘焙的咖啡豆。

過度萃取的濃縮咖啡——深色泡沫的中央有白色斑塊，是過度萃取咖啡的典型特色，這種咖啡所含的咖啡因較多，因此口感苦澀。過度萃取的原因可能是水溫及／或壓力過高，或萃取的時間過長，有時則是因為咖啡粉的分量過多或磨得太細，導致熱水經過咖啡粉的流速過慢。

羊皮層——咖啡果實內包覆咖啡豆的厚硬膜。

公豆——一種小而圓的咖啡果實，生長於咖啡樹高枝的末端，裡頭只有一顆咖啡豆，而非一般果實的兩顆豆子。

滲濾——咖啡的沖泡方法，讓熱水流經整塊咖啡粉。

滲濾壺——一種能沖泡出味道

溫和的咖啡工具：單憑重力讓熱水流經咖啡粉。

乾法加工——藉由風乾方式去除咖啡豆外層的果皮及果肉。這種加工法只採用成熟的果實，經過正確的風乾程序，可產生口感複雜、帶有果香且結構良好的咖啡。但如果採收及風乾過程執行不當，咖啡的口感便會發酸、變澀，較廉價的咖啡便是如此。

濕法加工——趁著咖啡豆潮濕時去除外層的果皮及果肉。幾乎全世界所有的頂極咖啡都採用濕法加工，這種方法大致上會增加咖啡的酸度，而這種酸味屬於咖啡的優點。加工過程包括以機器去除果皮，將殘留物送入水槽中，利用天然酵素破壞果肉。接著再以大量流動清水沖洗咖啡豆。

乾濕法加工——這種加工法綜合了乾、濕兩種加工法的某些特點，利用機器去除果皮及果肉，但咖啡豆雖然經過風乾，卻仍保留少許果膠及羊皮層。

羅布斯塔（中果咖啡）——這個名稱源自於這種咖啡樹的強韌天性：這個品種生長於低海拔地區，且產量豐富。羅布斯塔咖啡的稠度飽滿，味道較阿拉比卡咖啡略刺激，咖啡因的含量也較高。

麻袋——黃麻袋用於盛裝咖啡生豆；標準容量約為 60 公斤，但可能因國家而異。

土耳其咖啡——將顆粒極細的咖啡粉放入水中煮沸，加入糖後不過濾便直接倒入杯中。

萃取不足的濃縮咖啡——泡沫顏色偏淡是濃縮咖啡萃取不足的跡象，這種咖啡的口感偏酸而稠度不足。萃取不足的原因包括水溫及／或壓力過低，或萃取時間太短，有時則因為咖啡粉不足或顆粒太粗，導致熱水流經咖啡粉的速度過快。

稀薄——咖啡的稠度不足。

香味與氣味

酸辣味——這是負面的味道，主要出現在有俗稱「里約」缺陷的咖啡豆中。這些咖啡的味道酸而辛辣，主要是因為鹽分及酸味過高，導致酸度失衡。

動物味——類似動物體味的氣味。並非麝香之類的芬芳香氣，而是濕皮毛、汗味、皮革或尿液的臭味。

焦味／煙味——類似食物燒焦的氣味，是燃燒木柴產生的煙所造成。這種負面的苦味常見於烘焙過度或萃取過度的咖啡。

焦糖香——糖加熱後的氣味，類似牛奶糖的味道。主要是因為烘焙過程中糖分產生變化所致。值得注意的是，在描述焦味時應避免使用這個形容詞。

穀物、麥芽、吐司香——這個詞形容的是穀物、麥芽及吐司特有的香氣，例如未烘焙麵包或烘烤穀粒時所產生的香氣與風味。

化學味、藥味——這種氣味會讓人聯想起化學物質、藥物及醫院的味道。這個詞語形容的是帶有里約味等氣味的咖啡。

巧克力香——讓人聯想起可可粉、黑巧克力與牛奶巧克力的氣味與芳香，類似未加糖的香草可可，是某些阿拉比卡品種特有的香氣，特別是產自中美洲的品種。

土味——潮濕或濕潤土壤特有的氣味。有時也類似生馬鈴薯的味道。

發酵味——負面的形容詞；咖啡果實中的糖分開始發酵時，便有明顯的發酵味。這種咖啡的喝起來帶有霉味、土味及腐爛水果味。

花香——花朵的香氣（特別是茉莉花）。

果香——讓人聯想到紅色果實的氣味與味道。要注意的是，不要用這個詞來形容未熟或過熟的咖啡氣味。

草味——讓人聯想到剛修剪過的草坪、樹葉或種子及未熟果實的味道。

榛果香——新鮮榛果的香味（請勿與腐敗胡桃的氣味混淆），並非杏仁的苦味。

皮革味——負面的氣味，主要因採收後乾燥過程中過度加熱或儲存不當所致。

臭酸味——讓人聯想到奶油臭酸及數種其他產品氧化後的氣味。

里約味—乾燥過程中出現微生物所致，是類似藥物的氣味，導致咖啡產生里約味的物質三氯苯甲醚），也是造成葡萄酒出現軟木塞味的主因。

橡膠味——輪胎及橡膠物品過熱時產生的氣味；是一種強烈而特殊的味道。

煙燻味——菸灰缸、癮君子的手指、火災現場的味道。咖啡品嚐師用這個詞來形容烘焙的程度。

香料味——這個形容詞大多用於形容丁香、肉桂等甜香料的氣味，但不適合用於形容咖哩的辛辣、刺激味。

菸草味——是指新鮮而非燃燒的菸草。

紅酒味——常見於帶有明顯酸味或果香的咖啡。用來形容飲用葡萄酒時同時感受到的香氣、味道與口感。

木頭味——讓人聯想起濕木頭、橡木桶或硬紙板的氣味。

味道

酸味——用於形容味道的正面的詞語，是阿拉比卡咖啡的特色，這種酸味是由於有機酸與糖分結合所產生；如果是更強烈且與味道無關的酸，則是指酸鹼值；咖啡中某些成分的變化可能會導致負面、不必要的酸味。

苦味——烘焙過度或萃取時溫度過高的咖啡特別容易產生苦味；少許苦味則是咖啡的優點。

甘甜——在正確的烘焙過程中，糖分焦糖化會使咖啡產生甘甜；但烘焙時間過長則會導致甘甜味減少或完全消失。常用於形容甘甜氣味的形容詞包括果香、巧克力香及焦糖香。

口感

澀味——未熟的柿子或生朝鮮薊常有的口感，主要是由丹寧酸所造成，這種植物性物質會使唾液中的黏蛋白量驟減，導致口內乾澀。品質不良的咖啡及過度萃取的濃縮咖啡便常帶有澀味。

稠度——用於形容飲料的物理特性，讓人有飽滿、圓潤、濃厚及豐醇的口感。

圖片謝誌

Maurizio Cargnelli

p. 26, p. 29 上, p. 29 下, p. 31, p. 34, p. 35 左, p. 35 右, p. 36, p. 39 右, p. 44, p. 57, p. 66, p. 74, p. 90, p. 102, p. 103 下, p. 125, p. 127, p. 129, p. 131 上, p. 131 中, p. 131 下, pp. 134-135, p. 137 上, p. 139 下, p. 140 上, p. 140 下, pp. 142-143, p. 144 下, p. 146 下, p. 150, p. 151 上, pp. 152-153, p. 156 下, p. 157, p. 158, p. 159, p. 161 上, p. 161 中, p. 161 下, pp. 162-163 上, p. 162 下, p. 164 上, p. 164 下, pp. 166-167, p. 167 上, p. 170, p. 171, p. 181 上, p. 183, p. 184 上, p. 185, p. 187, p. 188, p. 189 上, p. 189 下, p. 193 上, p. 193 下, p. 194 上左, p. 194 上右, p. 195 上, pp. 196-197

Maurizio Cargnelli e Duccio Zennaro

p. 29 豆類照片, p. 39 下, p. 45, p. 46, p. 60, pp. 62-63, p. 63, p. 76, p. 77, p. 78, p. 79, p. 80, p. 82, p. 84, p. 88, p. 91, p. 94, p. 95 上, p. 96 上, p. 96 下, p. 97 上, p. 97 下, p. 198

Stefano Carofei

p. 200, p. 202, p. 204, p. 206

Giuseppe Ghedina

p. 64

Anna Illy Junior

p. 103 上, p. 123

Elisabetta Illy

p. 6-7, pp. 16-17, p. 30, p. 100, p. 106, p. 107, p. 108, p. 109, p. 110, p. 112, p. 112-113, p. 114, p. 115 上, p. 115 下, p. 116, p. 117 上, p. 117 下, p. 118, p. 119, p. 120, p. 121, p. 122

Andrej Vodopivec

p. 27, p. 32, p. 33 左, p. 39 左上, p. 40, p. 43, p. 47, p. 56, p. 67, p. 68, p. 124, p. 126, pp. 128-129, p. 130, pp. 132-133, p. 136, p. 137 下, p. 138, p. 139 上, pp. 140-141, p. 144 上, p. 145, p. 146 上, p. 147, pp. 148-149, p. 151 下, p. 154 上, p. 154 下, p. 155, p. 156 上, p. 174, p. 175, pp. 176-177, p. 178, p. 179, p. 180, p. 181 下, p. 182, p. 184 下, pp. 186-187, p. 190 左, p. 190 右, p. 191, p. 192, p. 194 中上, p. 194 下, p. 195 下

Archivio Corbis Images

p. 14, p. 18, p. 19, p. 23, pp. 24-25, p. 48, p. 51, p. 61, p. 87, p. 89

Archivio Giotto Enterprise

p. 10, p. 13, pp. 20-21, p. 28, p. 33 右, p. 37, p. 38, p. 70, p. 72, p. 73, p. 93, p. 95 下, p. 99, pp. 104-105, pp. 160-161, p. 163 下, p. 165, p. 167 下, p. 168-169, p. 172 上, pp. 172-173 下, p. 173 上, pp. 208-209, pp. 214-215

Archivio illycaffè

p. 52, pp. 54-55, p. 58